职业教育信息技术类专业创新型系列教材

短视频制作与运营

主　编　李明电　赵美玲
副主编　周　勇　李浩明　刘文海　陈　璐

科学出版社

北　京

内 容 简 介

本书以商业短视频制作与运营的工作过程为导向，以知识点及技术实践为主线引导学生完成项目中的各项任务。全书共有 6 个项目，分别是短视频基础知识学习、道具搭配、质感呈现、分镜细化、人机互动和实体探店。每个项目内容安排的结构为"项目—任务—活动"，每个项目设有项目概述、项目目标、项目思维导图、任务、合作实训和项目总结等栏目。

本书集实践指导性、趣味性和实用性于一体，既可作为中等职业院校电子商务及计算机类专业的教材，也可作为农村和社区普及新媒体制作与运营技能的培训教材。

图书在版编目（CIP）数据

短视频制作与运营 / 李明电，赵美玲主编. —北京：科学出版社，2024.3
（职业教育信息技术类专业创新型系列教材）
ISBN 978-7-03-075972-6

Ⅰ. ①短… Ⅱ. ①李… ②赵… Ⅲ. ①视频制作-职业教育-教材
②网络营销-职业教育-教材 Ⅳ. ①TN948.4 ②F713.365.2

中国国家版本馆 CIP 数据核字（2023）第 128179 号

责任编辑：陈砺川 袁星星 / 责任校对：马英菊
责任印制：吕春珉 / 封面设计：东方人华平面设计部

*科学出版社*出版
北京东黄城根北街 16 号
邮政编码：100717
http://www.sciencep.com
三河市骏杰印刷有限公司 印刷

科学出版社发行 各地新华书店经销
*
2024 年 3 月第 一 版 开本：787×1092 1/16
2024 年 3 月第一次印刷 印张：11 3/4
字数：274 000
定价：42.00 元
（如有印装质量问题，我社负责调换〈骏杰〉）
销售部电话 010-62136230 编辑部电话 010-62135120-1028

本书编审委员会名单

主　编

李明电　东莞市汽车技术学校
赵美玲　东莞市商业学校

副主编

周　勇　重庆市开州区职业教育中心
李浩明　中山市沙溪理工学校
刘文海　中山市沙溪理工学校
陈　璐　中山火炬职业技术学院

编　委

陈　莉　中山市火炬科学技术学校
程晓锦　佛山市顺德区勒流职业技术学校
冯　薇　中山市沙溪理工学校
黄智华　东莞市商业学校
曾春平　中山市火炬科学技术学校
张　铄　中山市火炬科学技术学校
周文毅　重庆市开州区职业教育中心
黄　勇　中山市沙溪理工学校
李力君　深圳市买它教育科技有限公司
许　刚　中山市买它网络科技有限公司
葛荣光　中山市第一职业技术学校

前　言

PREFACE

　　"短视频制作与运营"是电子商务专业和数字媒体技术应用专业的核心课程之一。本书通过短视频基础知识学习、道具搭配、质感呈现、分镜细化、人机互动和实体探店6 个项目，帮助学生在短时间内掌握短视频制作与运营的方法与技巧。本书采用"项目—任务—活动"的教学模式，任务下又细分为不同的活动，每个项目设有项目概述、项目目标、项目思维导图、任务、合作实训和项目总结等栏目。

　　本书具有以下 4 个主要特点。

　　（1）落实课程思政要求，强化职业素养培养。在真实的企业环境和短视频制作与运营项目案例中，突出课程思政教育、劳动教育、职业道德教育和工匠精神教育，落实"立德树人"根本任务，强化对学生的职业素养培养。

　　（2）本书采用"项目—任务"教学模式，通过项目提出、任务细分、活动实施来学习相关理论知识和技能。

　　（3）本书开发过程中坚持"校企双元"合作，由从事新媒体制作与运营的企业专家和一线教学老师共同策划并撰写。为了确保教学内容与企业岗位要求同步，本书的教学项目是基于企业的真实项目改造而成的，旨在培养学生认知实际问题、分析实际问题和解决实际问题的能力。

　　（4）在任务难度的编排上，本书遵循先易后难的原则。项目 1 先概述了短视频制作的必备基础知识，随后的 5 个项目通过各有侧重点的不同案例，按照"脚本设计—短视频素材拍摄—短视频剪辑—短视频发布与推广"的工作过程介绍短视频的制作与运营。其中，项目 2 的短视频案例重点介绍道具搭配的方式方法，并鼓励读者自制道具，感悟劳动光荣的精神境界；项目 3 的短视频案例重点介绍产品的质感如何呈现，如何体现灯光与镜头的完美结合；项目 4 的短视频案例重点介绍分镜细化技术，体现了将配文、音乐、视频、情感融为一体的分镜细化过程；项目 5 的短视频案例重点介绍如何做好人机互动以及模特在实景中的表现技巧，以充分展现舒适和谐、恰到好处的画面；项目 6 通过实体探店案例，讲解自媒体在制作探店类短视频时应如何展现实体店的环境及特色。

　　本书由李明电、赵美玲担任主编，周勇、李浩明、刘文海、陈璐担任副主编，陈莉、程晓锦、冯薇、黄智华、曾春平、张铄、周文毅、黄勇、李力君、许刚、葛荣光参与编写。项目 1 由黄智华、赵美玲、周勇编写；项目 2 由冯薇、李浩明、葛荣光编写；项目 3 由陈莉、李力君、许刚编写；项目 4 由曾春平、陈璐编写；项目 5 由张铄、黄勇、周文毅编写；项目 6 由程晓锦、刘文海、李明电编写。本书的编写也得到了深圳市买它教育科技有限公司、中山市买它网络科技有限公司的大力支持，在此一并表示感谢。

由于编者水平有限，书中难免有疏漏和不妥之处，恳请广大读者批评指正。

目 录
CONTENTS

项目 1 短视频基础知识学习

项目概述

如今，短视频内容已经有一套相对完善的产业链，参与进来的主体众多，内容生产、分发方、用户终端、平台支持、广告监管等主体一起为整个短视频内容产业链提供了稳步向前的动力元素。小潘和小章是某职校电子商务专业的学生，他们到广东省中山市某网络科技有限公司进行岗位实习，在适岗前再次回顾短视频的相关基础知识：一是短视频的分类，二是文案撰写方法，三是短视频拍摄的构图及色彩。不同种类的短视频文案撰写的表达方式略有不同，拍摄方式及呈现方式也不同。因此，小潘和小章需要通过查询、整理、汇总相关的资料，做好入职前的准备工作，保障后续的项目制作能比较顺畅地完成。

项目目标

※ 知识目标

了解常见的短视频的定义和类型；
了解短视频拍摄与剪辑的基本内容；
了解短视频拍摄的常用构图和调色方法。

※ 能力目标

学会撰写常见短视频类型的脚本；
掌握短视频拍摄的常用构图方式；
掌握对短视频调色的基本技巧。

※ 素质目标

提高学生良好的审美观和艺术欣赏能力；
增强团队自主探究的学习意识；
提高学生感悟生活美的能力。

项目思维导图

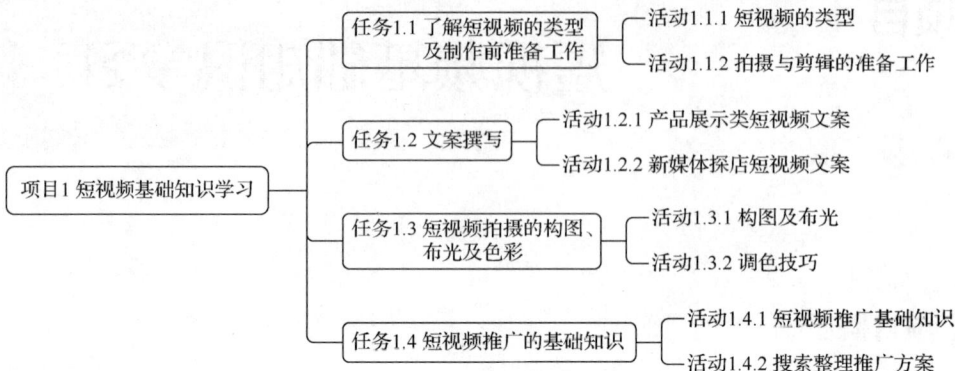

```
                              ┌─ 任务1.1 了解短视频的类型 ─┬─ 活动1.1.1 短视频的类型
                              │   及制作前准备工作         └─ 活动1.1.2 拍摄与剪辑的准备工作
                              │
                              ├─ 任务1.2 文案撰写 ─┬─ 活动1.2.1 产品展示类短视频文案
                              │                    └─ 活动1.2.2 新媒体探店短视频文案
项目1 短视频基础知识学习 ──────┤
                              ├─ 任务1.3 短视频拍摄的构图、─┬─ 活动1.3.1 构图及布光
                              │   布光及色彩               └─ 活动1.3.2 调色技巧
                              │
                              └─ 任务1.4 短视频推广的基础知识 ─┬─ 活动1.4.1 短视频推广基础知识
                                                              └─ 活动1.4.2 搜索整理推广方案
```

任务 1.1 了解短视频的类型及制作前准备工作

短视频，是一种互联网内容传播方式，是指时长较短的视频内容，通常在几秒到几分钟之间。它以简洁、生动、有趣的形式呈现，通过图像、声音和文字等多种元素来传达信息或表达故事。短视频可以在各种平台上发布和分享，如社交媒体、视频分享平台等。它具有传播速度快、吸引用户注意力、易于理解等特点，因此在当今社交媒体时代受到广泛关注和喜爱。

本任务设有两个活动：一个是学习按不同的标准对常见短视频的内容进行分类，了解不同类型短视频的特点；另一个是了解短视频制作前的准备工作。

活动 1.1.1 短视频的类型

活动描述

短视频的内容生动有趣，形式多样，依据不同的标准可将其分成不同的类型。下面利用表格的形式，对不同类型短视频的特征进行归纳总结。

活动实施

（1）根据短视频内容的生产方式不同，可将短视频分为用户生产内容、专业用户生产内容和专业生产内容3种类型，如表1.1.1所示。

（2）将印象较深刻的案例网址填写到表1.1.1的"案例网址"列中。

表 1.1.1　按生产方式分类

类型	特点	案例展示	案例网址
用户生产内容 （user generated content，UGC）	制作门槛低； 创作手法简单； 内容质量良莠不齐	身边的人在常见短视频平台发布的大多数为 UGC 短视频	
专业用户生产内容 （professional user generated content，PUGC）	专业内容生产团队； 分工明确； 视频内容质量高； 商业价值高	新华社、腾讯科技	
专业生产内容 （professional generated content，PGC）	传统的视频制作方式； 内容精良； 很强的媒体属性	抖音直播、腾讯视频、优酷视频	

（3）根据短视频的表现形式不同，可以将常见的短视频分为产品展示类、短情景剧和 Vlog 3 种类型，如表 1.1.2 所示。

（4）搜索案例展示的相关例子，并将搜索到的网址填写到表 1.1.2 的"案例网址"列中。

表 1.1.2　按表现形式分类

类型	特点	案例展示	案例网址
产品展示类	采用直接陈述法，比较常见，成本较低，制作简单，主要通过视频展现产品外观、配方、功能及操作便捷性等。常见的产品展示类短视频有产品配方类和功能类	华为官方、小米官方	
短情景剧	依托相对固定的场景，利用生活中常见的情节及道具，根据自身风格及品牌诉求进行剧情编创及场景化演绎的短视频类型。短情景剧故事性较强、内容丰富、风格多样。常见的短情景剧主要有幽默类、情感类和职场类	美的生活家	
Vlog	中文名为视频博客或视频日记，其全称是 Video Weblog 或 Video Blog，是一种以影像取代传统图文模式的个人日志，主要功能是记录日常生活。Vlog 的最大特点是由 Vlog 博主亲自出镜，拍摄内容真实，镜头里通常都没有炫目的画面，只有真实的博主和真实的环境	网易严选	

活动小结

本活动主要学习根据短视频内容的生产方式或者表现形式可以将短视频划分为不同的类型，为今后制作差异化短视频提供参考。

活动 1.1.2　拍摄与剪辑的准备工作

活动描述

短视频内容质量的高低，很大程度上取决于拍摄设备的选择，道具、场景是否布置妥当和剪辑工具是否得心应手。那么，在拍摄一个短视频的时候，通常需要准备哪些东西呢？有哪些剪辑工具可以选择呢？

活动实施

1．选择合适的拍摄设备

每个摄影师自身情况不同，选择的拍摄设备会因人而异。目前，可供选择的设备丰富多样，短视频创作是一条成长之路，大家可以根据自身专业水平的提升，升级拍摄设备，选择适合自己的设备。下面介绍几种常用的拍摄设备。

1）手机

手机具有方便携带、性价比高和操作简单的特点，只要建立好构图或利用好外部道具，也可以拍摄出优质的画面。对于大部分刚开始尝试拍摄短视频的新手来说，一部高性能手机足以满足大部分拍摄场景。

不管使用哪款手机，要达到一个好的视频呈现效果，拍摄视频时的手机参数设置有着很大的作用。表 1.1.3 所示是相关参数类型说明。

表 1.1.3　参数类型说明

参数类型	参数选择	说明
视频分辨率	720p、1080p、4K	分辨率越高拍摄的视频越清晰，后期处理空间更大，但会占用大量的存储空间。如华为手机拍摄 1 分钟 4K 视频会占用约 400MB 存储空间
画面比例	4∶3、16∶9	早期的画面比例一般为 4∶3，现在比较通用的画面比例为 16∶9
帧率	大于 24 帧/秒	低于 24 帧/秒的画面会有卡顿，如果画面在后期有慢放的需求，建议将帧率设置为 60 帧/秒及以上
横竖屏	短视频平台建议竖屏；优酷、bilibili 等平台建议横屏	横屏内容效果好，更清晰；竖屏视觉冲击力强，人物呈现效果好

2）相机

拍摄短视频时，选用的相机可以是微单或单反相机，它们都是专业拍摄设备。微单集专业性和便携性于一体，如图 1.1.1 所示。与手机相比，同等价位的微单在拍摄性能、焦距覆盖范围以及画质上都有更好的表现。单反相机则无论是专业性还是续航能力，表现均无可挑剔，如图 1.1.2 所示。但单反相机的价格相比微单高，并且其参数设置和镜头配置对于初学者来说较难上手。

3）稳定辅助设备

画面的稳定性在视频拍摄中尤为重要，它影响着观看者的观感体验。为了使拍摄的短视频画面更加稳定，需要一款稳定手机或者相机的辅助器材。常用的辅助器材有手机三脚架（图 1.1.3）、手机稳定器（图 1.1.4）、相机三脚架（图 1.1.5）和相机稳定器（图 1.1.6）等。

图 1.1.1　微单

图 1.1.2　单反相机

图 1.1.3　手机三脚架

图 1.1.4　手机稳定器

图 1.1.5　相机三脚架

图 1.1.6　相机稳定器

4）收音设备

短视频兼具流畅的画面与饱满立体的声音，短视频创作呈现的是视听语言。使用手机的麦克风或者相机自带的麦克风内录，收音的时候容易受环境的影响，导致录制的声音很嘈杂、浑浊，这时就需要用到收音的辅助设备——收音麦克风。常用的收音辅助设备有机顶麦克风（图 1.1.7）、领夹麦克风（图 1.1.8）和外录收音设备（图 1.1.9）。

图 1.1.7　机顶麦克风　　　　　图 1.1.8　领夹麦克风　　　　　图 1.1.9　外录收音设备

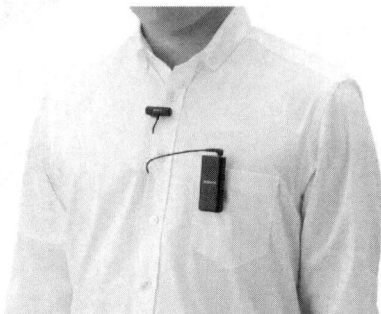

2. 确定拍摄的场地、道具以及是否需要演员

在开始拍摄短视频之前，需要做好场地的准备工作。例如，需要确定是室内拍摄（图 1.1.10）还是室外拍摄（图 1.1.11）。

图 1.1.10　室内拍摄　　　　　　　　　　　　图 1.1.11　室外拍摄

同时拍摄短视频时，可能需要用到一些道具（图 1.1.12），以增强视频的冲击力和画面的丰富度；除此之外，也有可能需要一些特定的演员，如群演。

图 1.1.12 道具样例

3．准备常用的视频剪辑软件

拍摄好的短视频，需要经过后期剪辑处理，以达到更好的视觉效果。下面介绍 2 种常用的剪辑软件。

PC 端常用的软件是 Adobe Premiere（以下简称 Pr），如图 1.1.13 所示。该软件是视频剪辑软件中较专业的工具之一，其具有非常多的视频剪辑功能，基本上用户对视频的任何需求，该软件都能实现。

图 1.1.13 Pr 软件

手机端常用的剪辑软件有 VUE、剪映（图 1.1.14）等，这类软件具有可以快速剪辑视频、背景音乐曲库丰富、操作方便、滤镜多、模板多等优点。

图 1.1.14 "剪映" APP

活动小结

本活动主要学习拍摄短视频时需要进行的一些准备工作，例如，选择合适的拍摄设备、是否需要准备道具、聘请演员和选择剪辑软件等。在实际拍摄时，应根据不同的拍摄需求选择合适的拍摄设备和道具，并且在拍摄完成后能够选择适合的后期处理软件。

任务 1.2 文案撰写

短视频文案是指在短视频平台或社交媒体上发布的关于视频的文字描述或说明，是对视频内容的简要介绍和呈现，其目的是吸引观众的关注，激发观众的观看欲望，并通过有限的文字传达视频的主题和亮点。

本任务通过梳理电商产品和新媒体探店短视频文案的撰写逻辑思路，理清文案创作的基本架构，使得在准备短视频文案时，做到有思路、有逻辑、有章法、有效率，为拍摄出符合要求甚至高转化率的短视频打好基础。短视频创作者应养成撰写短视频文案的习惯，从而提高短视频拍摄的质量。

活动 1.2.1　产品展示类短视频文案

活动描述

产品展示类短视频的内容用在电商平台，目的是销售展示的产品。该类视频要求生动有趣，在追求高点击率的同时，更要注重转化率。下面通过寻找产品核心卖点、展示产品细节、调动消费者购买情绪等方面对如何撰写短视频文案进行剖析。

活动实施

当拿到一款电商产品，但还不清楚该如何拍摄的时候，可以尝试下面的操作：

（1）从产品本身出发，了解产品，罗列产品卖点、产品价格优势、产品功能展示、产品能解决的问题等。

（2）从用户角度寻求帮助，明确该产品的用户群体适合使用哪一类视频呈现方式。例如，可以直接证明身份，选择拍摄背景在工厂，让用户直观感受拍摄者在源头工厂，增强用户信任度；还可以讲解产品专业知识，打造行业专家人设，增加用户信任感；也可以通过剧情演绎展示产品，同时输出价值观，赢得用户好感。

（3）撰写文案。短视频文案需做到突出重点、简短明了、引人入胜、语言生动，并与视频画面配合。可以根据表 1.2.1 中的 6 个关键点进行框架组合和文案构思，同一个短视频可以包含多个关键点，但并不是一个视频必须要包含每一个关键点。

表 1.2.1　文案框架

序号	关键点	行为指令	数据指令
1	黄金三秒	设置悬念，引起好奇	播放量
2	人物关系	有无辨识度和记忆点	完播率
3	拍摄背景	产品相关性、真实性	点赞率
4	视频爆点	剪辑梗、道具爆点等	评论率
5	产品卖点	给用户一个买的理由	转化率
6	动作引导	引导进入店铺	头像点击率

利用"黄金三秒"关键点为框架构思男装套装产品的短视频文案，如表 1.2.2 所示。

表 1.2.2 "黄金三秒"关键点案例

	产品	黄金三秒	视频爆点	产品卖点
	男装套装	165 的男生这么穿显高！（设置悬念，引起好奇）	不要穿成葫芦娃！（通过道具制造反差）	穿这些准没错，青春、文艺、成熟、简约、酷帅。（通过搭配好的一套服装，展示卖点）

我们在构思短视频文案的时候，可以采用 3P 法则。

① 受众（people）。考虑用户特征。明确我们的产品视频的最终受众是哪些人群，他们有什么特征，他们的需求是什么，我们的产品能带给他们什么价值。

② 问题（problem）。需要有场景冲突，制造消费情绪。例如，暖奶器产品，可以在视频里展示深夜宝妈被宝宝吵醒，从而手忙脚乱地冲奶。如果使用了暖奶器产品，原本花费半个小时的事情，现在一秒搞定。

③ 产品（product）。展示产品亮点，解决用户痛点。例如，自动扫地机器人产品，可以帮助解决城市里的白领生活节奏快、没有时间打扫家里卫生这个问题。

（4）撰写商业短视频中分镜头的脚本。分镜头脚本是将文字剧本转换成立体视听语言的中间媒介，其作用主要是根据拍摄方案来设计相应画面，配置音乐音响，把握片子的节奏和风格，以及确定短视频各分镜头拍摄手法的文字表述。短视频分镜头脚本的构成要素包括镜头号、画面、内容、景别、镜头方式、文字、音乐、音效、镜头时长等，如表 1.2.3 所示。

表 1.2.3 短视频分镜头脚本的构成要素

要素	内容
镜头号	每个拍摄镜头的顺序编号
画面	通过静帧摆拍，展示视频画面大致效果，介绍简单构图
内容	描述该分镜中的剧情内容
景别	一般分为全景、中景、近景、特写和显微等
镜头方式	包括推、拉、摇、移、跟、定、升、降等；镜头的转场包括淡出、淡入、切换、叠化等

续表

要素	内容
文字	包括台词、解说词/旁白、字幕等； 台词是视频中角色所说的话语，是剧作者用以展示剧情、刻画人物和体现主题的主要手段； 解说词/旁白是按照分镜头画面的内容，以文字脚本的解说为依据，把它写得更加具体、形象
音乐	背景音乐，应标明起始位置和结束点
音效	声音效果，用来创造画面身临其境的真实感，如现场的环境声、雷声、雨声、动物叫声等
镜头时长	每个镜头的记录时间，以秒为单位

知识加油站

分镜头脚本的作用

1. 统一视频内容的发展方向

分镜头脚本是短视频拍摄内容的整体框架，对拍摄内容情节的发展起着决定性作用。短视频拍摄内容的时间、地点、人物、过程、旁白确定之后，整体情节的发展就有了一个整体框架，摄影师在拍摄和剪辑师在剪辑时，只需要根据这个框架内容及要求进行工作就可以了。

2. 提高短视频拍摄的效率

在分镜头脚本设计完成后，短视频项目参与人员便有了清晰的思路与明确的方向，拍摄和后期制作的效率将会大大提高，从而减少了拍摄和后期制作过程中不必要的讨论和返工的消耗。

3. 提高短视频拍摄质量

在拍摄之前确定好机位、景别、灯光、画面内容等镜头语言，将有利于短视频拍摄质量的提高。同时，拍摄效率的提高，也有利于拍摄质量的提高。

4. 指导剪辑师进行后期制作

完成分镜头脚本设计后，在剪辑时剪辑师就能根据脚本执行任务，从而提高剪辑的效率和质量。

活动小结

本活动主要学习产品展示类短视频文案思路法则、应该从哪些方面着手撰写文案等，从而做好拍摄前的准备工作，做到心中有数，提高拍摄效率，达到预期效果。

活动 1.2.2　新媒体探店短视频文案

🎥 活动描述

现今有的线下实体店在面对网络电商冲击时，仍能在线上线下商务（online to offline，O2O）模式下获得红利，但其在从线上到线下的过程中，却充满了挑战，其中新媒体探店短视频的制作便是挑战之一。很多探店短视频创作者面临着每次探店花费很多时间但效果却一般、拍摄不出真正需要表达的镜头感、自身拍摄技术不过关等问题。这和缺少优秀的探店短视频文案不无关系。本次活动就来学习探店短视频文案的制作技巧和方法。

🎥 活动实施

1．账号人设和定位

制定人设与定位的意义在于是否要吸引特定的人群作为短视频账号的粉丝。当确立好人设主要是活泼、爱分享的年轻人时，就要在文案和视频风格上，更贴近年轻人的语气，例如网络用语，或者说话语气多采用年轻人喜欢的方式，如"太好吃了吧""疯狂种草"等；当确立人设是睿智、沉稳的人群时，那么文案和视频风格便需要有一定的深度和广度。

2．明确拍摄主题和拍摄时间

主题是赋予内容定义的，因此必须明确拍摄主题。例如拍摄美食探店系列短视频时，可以定拍摄一个双人的烤肉套餐、网红餐厅打卡、对比同类型店铺优劣势等主题。

拍摄时间确定下来有两个目的：一是提前和商家约定时间，不然会影响拍摄进度；二是确定好拍摄时长，可以做成可落地的拍摄方案，避免产生拖拉的问题。

3．如何利用镜头景别拍摄视频内容

在制作短视频文案时，需要对每一个分镜头进行细致的设计，通过不同的镜头景别来丰富视频内容。例如特写镜头，可以用来拍摄人物的眼睛、鼻子、嘴、手指等细节，或者是菜品、店内陈设等，如图 1.2.1 所示。

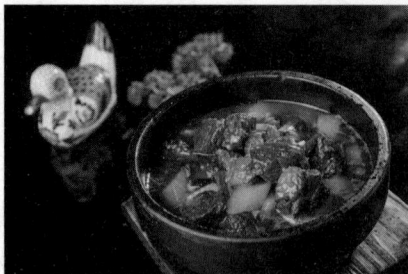

图 1.2.1　特写镜头

4．撰写探店短视频文案

准备好以上几点后，便可以着手进行探店短视频文案的撰写。在文案中应不断丰富内容，根据探店短视频的文案，添加取景地、景别、镜头内容、拍摄时长、视频运镜技法技巧、配音配乐等进行分镜头脚本撰写，如表 1.2.4 所示，以便后期开展拍摄，做到后续拍摄中有条不紊、心中有数。

表 1.2.4　探店短视频文案举例

镜头号	取景地	景别	镜头内容	文案	时长	特效	技法技巧	备注
1		近景	户外门头照	想要做美甲的小仙女儿们看过来啦	2s			
2		远景		××美甲，小仙女们跃跃欲试	2s		由远及近	
3		中景	好看的样品罗列	在东莞不到百元就可以实现美甲自由啦	2.5s		闪图轮播	
4		近景	款式图片的展示	精美的款式	0.5s		平移向右	
5		近景	珍珠饰品的展示	琳琅满目的珍珠饰品	0.5s		平移向右	
6		近景	贴纸数量的展示	丰富的贴纸数量	0.6s		平移向右	
7		中景	手上的美甲款式展示	就在××自助美甲套餐	0.7s		正面	
8		远景	墙纸休息区的展示	这家店主打的是轻奢简约风	2s		平移/侧面	
9		中景/近景	特色美景/彩灯展示	还有整洁的舒适区	2s		正面	中景切近景
10		中景	楼梯	顺着楼梯走上二楼	2s		平移	
11		全景/远景	二楼的环境展示	清晰舒适的感觉扑面而来	0.5s		正面	
12	室内	近景	表现美容床的整洁	每一处的布置都体现出商家的用心	1s		平移	由远拉近
13		中景/近景	拍摄小姐姐工作的样子	这里的美甲小姐姐真是认真仔细	1s		侧面平移	中景切近景
14		特写	手部护理的画面	从手部护理	0.3s		俯拍	
15			指甲上色的画面	到上色的环节	0.5s		俯拍	
16			贴/摆弄食品的画面	到最后贴上精美饰品	0.3s		俯拍平移	
17		近景	最终完成品展示	一副精致又好看的美甲就诞生啦	2s		正面	手指美甲细节
18		全景	拍摄植物甲油胶展示柜	这里有上百种植物甲油胶可以随意选择	2s		平移	
19		近景	小饰品放在手上展示或整体	各种的小饰品真的太丰富啦	1s		俯拍	
20		近景	小饰品放在手上展示或整体	多样化的颜色任你选择	1s		俯拍	
21		远景/中景	整体环境+美甲图片	快选择一款你中意的美甲来体验吧	1s		正面	

活动小结

本活动主要学习新媒体探店视频文案撰写的具体步骤,包括分析账号人设和定位、明确拍摄主题和拍摄时间、视频内容确定和镜头景别相搭配等,最终撰写文案。

小提示 ▶

在本活动中,如果想设计一个关于美食类的视频脚本,可以观看中央电视台出品的系列美食纪录片《舌尖上的中国》以获取灵感,了解我国不同地域、民族对美食和生活的美好追求。

任务 1.3 短视频拍摄的构图、布光及色彩

本任务主要学习短视频拍摄的常用构图和调色。对于摄影来说,构图是表现作品内容的重要因素。通过实际操作,了解如何根据画面的布局和结构,运用镜头的成像特征和摄影手法,在主题明确、主次分明的情况下,组成一幅简洁、多样、统一的画面;在视频拍摄完成后,应如何利用视频编辑软件对视频进行调色,调出适合该产品的色调。一个好的构图和调色,能让视频画面更富有表现力和艺术感染力。

活动 1.3.1 构图及布光

活动描述

同样的脚本内容,为什么别人的视频作品点赞上百万,而自己的却没人看呢?很有可能是因为自己在拍摄视频时构图和灯光没有做好,导致画面糟糕,毫无美感可言。下面将介绍 3 种常用的构图方法和灯光运用技巧,上手简单,效果显著。

活动实施

1. 构图及布光技巧

方法一:三分构图法。将取景器中的视图从横向或纵向分为三部分,形成"井"字格。在拍摄商品时,将对象或焦点放在三分线的某一中心位置上进行构图取景,可以使对象更加突出,画面更加美观,如图 1.3.1 和图 1.3.2 所示。

图 1.3.1　三分构图法

图 1.3.2　使用三分构图法拍摄电器的效果

　　方法二：均分构图法。将商品主体放置在画面中心进行拍摄，将画面的垂直或水平画幅进行均分。这种构图方法能够很好地突出商品，让消费者很容易就能看见重点，从而将目光锁定到商品对象上。均分构图法最大的优点在于主体突出、明确，而且画面容易达到左右平衡的效果，构图简练，如图 1.3.3 所示。

　　方法三：疏密相间构图法。指包括拍摄多个商品对象时，构图要错落有致，疏密有度，疏中存密，密中见疏，二者互相间隔，彼此相得益彰。将商品适当地相连和交错摆放，可以使其显得更加美观，而且主次分明，画面非常紧凑，如图 1.3.4 所示。

图 1.3.3　均分构图法

图 1.3.4　疏密相间构图法

2．布光基本技巧

（1）蝴蝶布光技巧。是指将主光源放置在镜头的上方，也就是被拍摄产品的正前方，并由上向下以 45°方向投射到产品上，使产品投射出其下方的阴影，并且阴影类似蝴蝶的形状，从而给产品主体带来丰富的层次感，如图 1.3.5 和图 1.3.6 所示。

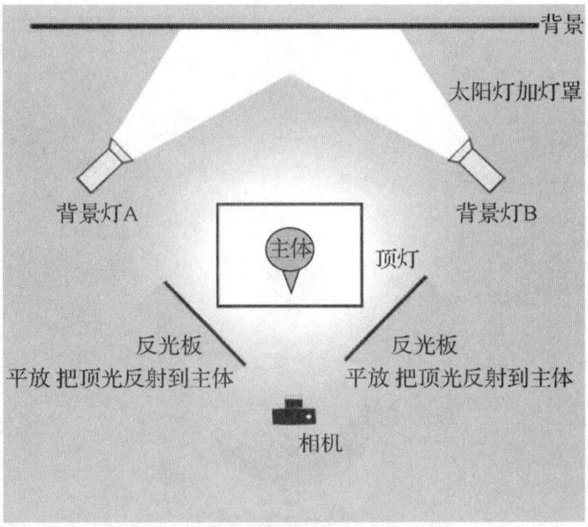

图 1.3.5　蝴蝶布光二维图

图 1.3.6　蝴蝶布光实拍图

（2）鳄鱼布光。该布光技巧适用于一些风格柔美的产品，可以使产品上有阴影，但又不会太明显。在产品摄影中，可以将其延展到左右布光的柔光箱，但是注意调整好两盏灯的光比。该布光技巧适用于电商产品中的绝大多数产品，如图 1.3.7 和图 1.3.8 所示。

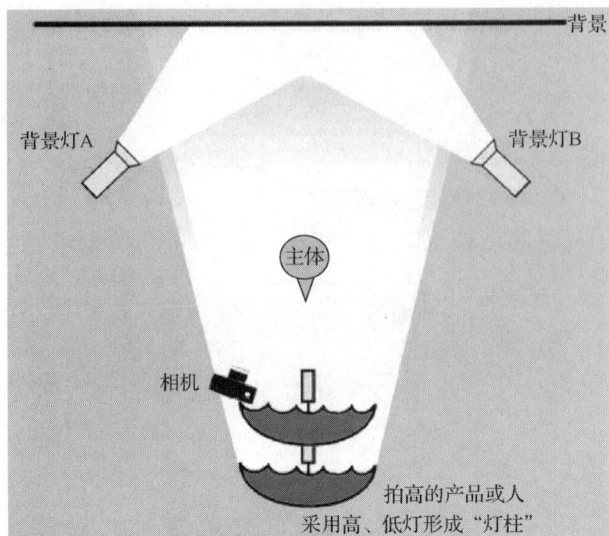

图 1.3.7　鳄鱼布光二维图

图 1.3.8　鳄鱼布光实拍图

（3）轮廓光。是指面对相机方向照射的光线，是一种逆光效果。轮廓光能够起到勾画被拍摄对象轮廓的作用。在主体和背景影调重叠的情况下，比如主体暗，背景亦暗，轮廓光可以起到分离主体和背景的作用。在使用人造光照明的环境中，轮廓光经常和主光、辅光相互配合使用，使画面影调层次富于变化，增加画面的形式美感，如图 1.3.9 和图 1.3.10 所示。

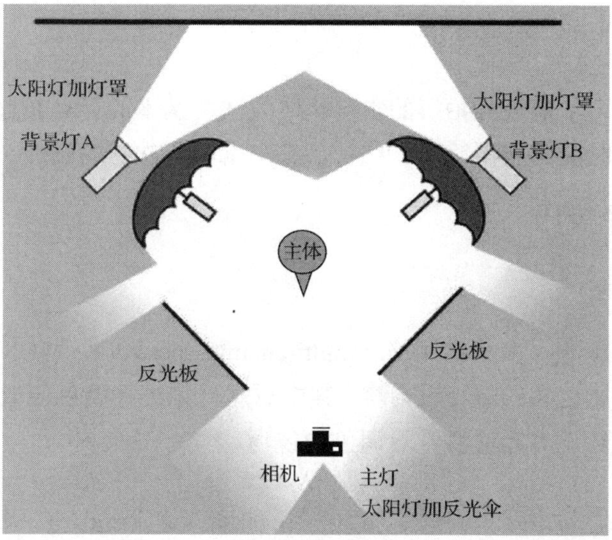

图 1.3.9 轮廓光二维图

图 1.3.10 轮廓光实拍图

▶ 知识加油站

什么是光位？光位是指光源相对于被拍摄物体的位置，即光线的方向与角度。同一对象在不同的光位下会产生不同的明暗造型效果。摄影中的光位归纳起来主要有正面光、前侧光、侧光、后侧光、逆光、顶光与脚光 7 种。不同角度的布光，从本质上可以看作人造灯光对一天中太阳在不同位置时光线的模拟，不管是蝴蝶布光、鳄鱼布光还是轮廓光，都是让灯光围绕被拍摄的主体做圆周运动。

活动小结

本活动主要学习了短视频拍摄的常用构图方法和基本的灯光布置技巧，可使实践操作拍摄产品短视频时能够获得简洁、统一、有丰富的层次感的画面。

活动 1.3.2　调色技巧

活动描述

越来越多的品牌方、多频道网络（multi-channel network，MCN）机构及个人博主都希望能够发布品质更高的短视频内容。其中对短视频进行调色便成为短视频制作过程中逐渐被重视的一环。本活动将学习调色的技巧。

活动实施

1．色彩校正

利用 Pr 软件可以对短视频进行色温、白平衡和色彩等方面的调节，使画面色彩趋于统一、协调，如图 1.3.11 和图 1.3.12 所示。

● 色温：两端分别是蓝色和橙色，往左端是偏向于冷色，右端是偏向于暖色。

● 白平衡：调整短视频画面色彩，通常用于画面偏蓝或者偏黄的情况。

● "色调"面板：调整曝光，可以将过亮或者过暗的短视频调整到一个合适的曝光值。

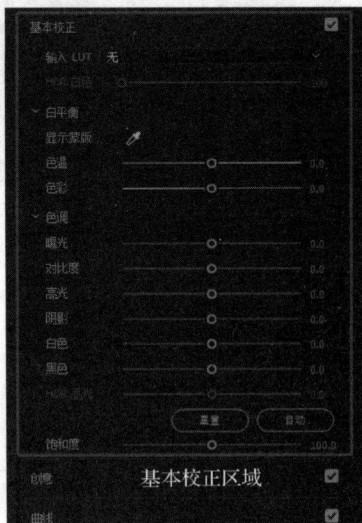

图 1.3.11　Pr 色彩校正界面

图 1.3.12   Pr 色彩校正前后对比图

2. 选择滤镜

可以通过 Pr 软件自带的丰富滤镜"Lumetri 预设",根据短视频的实际需求进行风格化调色,如图 1.3.13 所示。

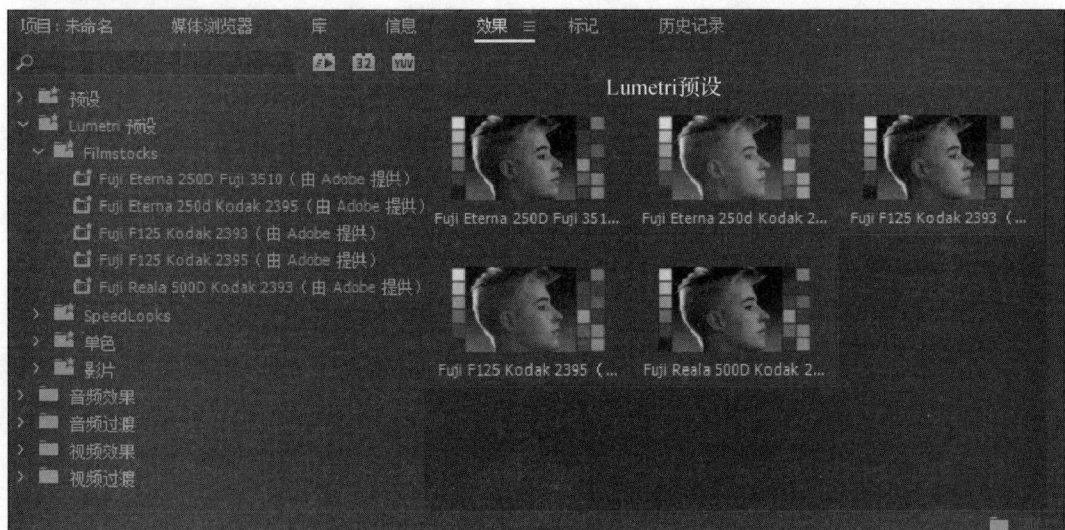

图 1.3.13   Lumetri 预设

例如,选择"Lumetri 预设"中的"影片"→"Cinespace 50"淡化胶片滤镜,可以将短视频画面中的光线变得雾蒙蒙的,使胶片画面感更强,如图 1.3.14 所示。

21

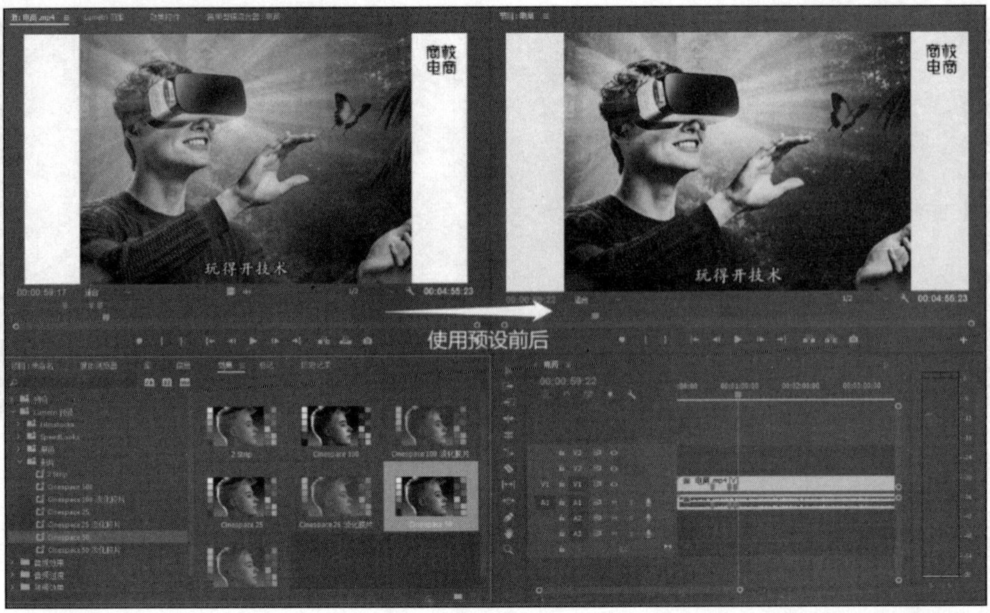

图 1.3.14   "Lumetri 预设"使用前后对比图

📹 **活动小结**

本活动学习了短视频调色的基本技巧，首先是利用基础校正，调节短视频的色温、白平衡、色彩等，使短视频整体效果风格趋于统一、协调。然后是根据短视频的实际需求，选择是否使用滤镜预设。需要注意的是，如果未对短视频进行基础校正，使画面风格色彩统一，而是直接选择滤镜预设，效果很有可能会欠佳。

任务 1.4   短视频推广的基础知识

本任务主要学习短视频推广的基础知识，包括短视频流量的推荐机制和推广分类。短视频流量的推荐机制分为首次推荐机制和分批次推荐机制。短视频的推广分为免费推广和付费推广两种。可通过百度或短视频平台官网查找推广相关知识，初步整理推广方案。

活动 1.4.1   短视频推广基础知识

📹 **活动描述**

了解短视频流量的推荐机制和推广分类；了解短视频常见的引流方法和引流效果要求。

活动实施

1. 短视频流量的推荐机制

平台推荐是指运用人工智能根据平台的目标以及平台给定的参数，依靠算法实现目标的最优解。人工智能算法下流量分配机制会考核短视频的一些指标数据，比如完播率、点赞率、评论率等，这些数据与短视频发布账号的原有粉丝画像（性别、年龄、地域、兴趣等）相关。一般短视频平台会有流量层级的机制，会分批次给平台用户推荐短视频。短视频的推广一般是为了完成短视频的指标数据或者突破流量层级而进行的，当然也可能是纯商业广告投放。

1）首次推荐机制

系统进行首次推荐时，会先小范围地推荐给可能会对短视频标签感兴趣的人群，人数在300~500。这些被推荐的人可能是短视频运营者的通讯录好友、账号粉丝、关注这个话题或标签的用户，也可能是同城附近位置用户或系统随机分配用户等。

当系统给出第一波推荐后，会根据推荐量和播放量，对刷到短视频的用户反馈进行检测和统计，如果用户的反馈比较好（比如完播率比较高，用户会点赞、评论或转发等），系统会判断该视频在第一个推荐池中的表现为优秀，然后开始第二次推荐。

2）分批次推荐机制

分批次推荐是指平台对短视频分不同的批次进行推荐。首次推荐给用户后的反馈数据将对下一次的短视频推荐起到决定性作用。如果首次推荐的反馈好，平台就会进行第二次推荐、第三次推荐……相反，如果首次推荐反馈后的数据不理想，那么平台就会停止推荐。因此，分批次推荐机制的核心是下一次推荐量的多少取决于上一次推荐之后的反馈数据。

如果短视频在经过系统的多次推荐后，已经有几十万甚至上百万的播放量，系统一般会采用人工干涉的手段，对这些高播放量的短视频进行人工干预检测。对于内容优质、价值观正确且符合平台特性的短视频，平台会进一步推荐，形成大热门视频。总的来说，短视频流量的推荐机制，是基于人工智能算法，根据用户的兴趣精准地推送他们感兴趣、喜爱的短视频。

推荐机制的本质，就是从一个巨大的内容池中，给当前用户匹配出可能感兴趣的视频。信息的匹配主要依据三个要素，即用户、内容、感兴趣。

2. 短视频的推广

在短视频发布之后，可以先让系统自动推荐给第一批用户，当第一批用户推荐完成之后再根据指标数据去确定推广的方式，同时减少人为干预会让我们更容易了解短视频的质量以及短视频内容用户是否感兴趣。当首次推荐的数据出来后，如果指标数据比较理想，就可以开始进行推广了。

短视频的推广分为免费推广和付费推广两种方式。以抖音平台为例，免费推广有抖音站内粉丝分享和粉丝群分享以及站外转发等；站外推广包括微信、QQ、今日头条、微博等其他平台推广。

付费推广主要是使用一些付费工具进行推广。

3. 短视频引流

下面以抖音平台为例，讲解短视频的引流方法和提高引流效果的要求。

1）引流方法

（1）短视频内引流。抖音是以短视频为主运营的。因此，广告主需要把握好 15 秒的内容空间，精心设计话题，如为用户留下悬念、幻想、福利等。

（2）短视频评论区引流。在自己喜欢的视频或者所关注人的视频下留下足迹是多数小伙伴的常见行为。因此，广告主可以通过抖音视频内容与小伙伴们进行互动，让更多的小伙伴参与评论，引起更多话题讨论。

2）提高引流效果要求

（1）拍摄有创意的视频内容。新鲜、有创意的内容很受网友喜欢。因此，可以多结合产品的特点和用户感兴趣的话题，或者借助热点拍摄相关视频内容，为此视频带来更多的兴趣用户。

（2）做好用户定位。用户永远只对自己好奇的资讯感兴趣，广告主想要在短视频平台上实现更好的引流，就必须找准自己的目标用户，并输入优质内容，吸引用户点击。

（3）坚持原创。为了能获得更多的用户，必须坚持原创的短视频内容，吸引用户查看。

（4）蹭热点，增加自己的影响力。围绕着一些当前的热点时事和事件借势，添加热点话题发布视频。视频报道还可以突出热点话题。通过对比，展示自己的优势，展示自己的独特卖点。

（5）用大号推小号，引起关注。引流另一个有效的方法是用大号推小号，吸引粉丝。一般而言，粉丝数固定的大号要谨慎处理，推荐小号时要注意所推内容是否相关。例如，抖音引流就是吸引更多的用户来点击、评价、收藏、转发广告链接，为链接增加访问量。简单来说就是把抖音平台上的用户流量引导到自己的其他平台上（如微信或淘宝店铺等）。

活动小结

本活动主要学习了短视频流量的推荐机制和引流技巧，先是让短视频满足推荐机制的三大要素（用户、内容、感兴趣），快速吸引受众注意力，完成指标数据或突破流量层级后，利用引流技巧，帮助短视频获得更多曝光，从而提高推广效果。

活动 1.4.2　搜索整理推广方案

活动描述

搜集利用短视频推广引流的方法，对不同产品的短视频分组，制作合适的推广方案，了解涉及的关键数据及预算的费用情况。

活动实施

1．搜集利用短视频推广引流的方法

（1）分组，4 个人为一个小组，每组的产品类目不一样。根据自己的产品类型，讨论短视频的推广引流方法。

（2）小组根据短视频推广引流方法，讨论有哪些推广平台，并讨论关键数据及费用预算情况。

（3）小组派代表发言。

2．制作合适的推广方案

（1）以小组为单位讨论产品的推广方案。

（2）小组通过表 1.4.1 所示的方案模板制作方案。

表 1.4.1　方案模板

短视频产品类目	目标客户	各类推广平台的优势	方案	
			免费推广方案	收费推广方案

（3）各小组展示推广方案。

3．活动评价

根据活动完成过程及结果进行评价，并填入表 1.4.2 中。

表 1.4.2　短视频推广评价表

评价项目	目标客户定位精准情况	推广平台优势分析	推广方案合理性	职业素养
评价等级	A. 优秀 B. 合格 C. 不合格	A. 优秀 B. 合格 C. 不合格	A. 优秀 B. 合格 C. 不合格	A. 大有提升 B. 略有提升 C. 没有提升
自己评价				
小组评价				
教师评价				
第三方评价				
总评	修改建议			

说明：

1．表格内按评价等级进行评价；

2．请企业专业人员、客户等专业人士作为第三方参与评价；

3．评为不合格的由指导教师注明原因及修改建议。

活动小结

本次活动通过搜索整理推广方案，拓展了团队的思维，学习了短视频流量的推荐机制、短视频推广类型和引流方式。

合 作 实 训

1．请你根据以上所学知识和表 1.s.1 列出的短视频类型，通过网络查找对应类型短视频的发布者，并给出该视频的链接地址，以完善表 1.s.1。

表 1.s.1　按表现形式分类表

类型	代表作者	视频链接
短情景剧		
Vlog		
产品展示类		
PUGC		
小组互评		
教师评价		

2．纸上得来终觉浅，绝知此事要躬行。一个好的脚本会为视频增色不少，快快拿起你的纸笔，创作一个属于你的探店短视频脚本，拍摄专属于你的风格的短视频，制作完成后请按表 1.s.2 的评价表进行评价。

表 1.s.2　短视频脚本评价表

评价项目	景别设计	镜头内容	文案	职业素养
评价等级	A．优秀 B．合格 C．不合格	A．优秀 B．合格 C．不合格	A．优秀 B．合格 C．不合格	A．大有提升 B．略有提升 C．没有提升
自己评价				
小组评价				
教师评价				
第三方评价				
总评		修改建议		

说明：

1．表格内按评价等级进行评价；

2．请企业专业人员、客户等专业人士作为第三方参与评价；

3．评为不合格的由指导教师注明原因及修改建议。

3．请你和小组内的成员分工合作，根据所学知识拍摄一组任意构图方法和布光技巧相结合的电饭煲产品短视频。

由实训本人、实训小组、指导教师及第三方参与评价，评价表如表 1.s.3 所示，可以邀请"校中厂"的企业专业人员作为第三方。

表 1.s.3　视频作品评价表

评价项目	所涉及的构图设计	布光效果设计	整体视频效果	职业素养
评价等级	A．优秀 B．合格 C．不合格	A．优秀 B．合格 C．不合格	A．优秀 B．合格 C．不合格	A．大有提升 B．略有提升 C．没有提升
自己评价				
小组评价				
教师评价				
第三方评价				
总评		修改建议		

说明：

1．表格内按评价等级进行评价；

2．请企业专业人员、客户等专业人士作为第三方参与评价；

3．评为不合格的由指导教师注明原因及修改建议。

4．请你和小组内的成员分工合作，根据所学知识对上一题目拍摄的电饭煲产品短视频进行调色实践。

由实训本人、实训小组、指导教师及第三方参与评价，如表 1.s.4 所示。可以邀请"校中厂"的企业专业人员作为第三方。

表 1.s.4 调色作品评价表

评价项目	曝光是否合适	白平衡是否合适	整体调色效果	职业素养
评价等级	A. 优秀 B. 合格 C. 不合格	A. 优秀 B. 合格 C. 不合格	A. 优秀 B. 合格 C. 不合格	A. 大有提升 B. 略有提升 C. 没有提升
自己评价				
小组评价				
教师评价				
第三方评价				
总评		修改建议		

说明：

1．表格内按评价等级进行评价；

2．请企业专业人员、客户等专业人士作为第三方参与评价；

3．评为不合格的由指导教师注明原因及修改建议。

📹 项目总结

通过本项目的学习，希望同学们能够了解常见短视频的类型、拍摄和剪辑的前期准备工作；掌握关于电商产品和新媒体探店短视频文案的撰写方法，并依据文案去实践拍摄相关的短视频，做到以小见大、见微知著，面对拍摄时有条不紊，提高拍摄效率和效果；能够运用常用的构图方法和布光技巧进行短视频拍摄，并在拍摄完成后，能够利用后期视频处理软件对其调色，增强视频的视觉效果。

项目 2

道具搭配

项目概述

小潘和小章在校内的某文化传媒工作室进行岗位实习，他们当前的工作任务是电压力锅短视频制作及营销推广，包括产品信息整理与分镜头脚本设计、电压力锅短视频素材拍摄、电压力锅短视频剪辑及电压力锅短视频推广。

本项目中，根据产品特点以及客户的要求制作详细工作方案，依照工作流程，全面诠释从脚本到产品推广的制作方法及流程，同时，把剪辑后的短视频上传到短视频平台或店铺进行推广。电压力锅短视频的侧重点在于突出光与镜头手法的应用，让产品更有质感，彰显产品品质。另外，通过制作食物，锻炼学生在项目中获得劳动教育体验的能力，提高劳动觉悟，感悟美好生活要靠劳动创造。

项目目标

※ **知识目标**

了解常见的商业短视频拍摄、剪辑、推广等流程；

了解常见的商业短视频分镜头脚本的撰写方法。

※ **能力目标**

掌握 Pr 软件中素材位置、透明度、缩放等属性的设置；

掌握分镜头搭配方法和文字排版方式。

※ **素质目标**

增强团队自主探究及设计创新的意识；

提升对工匠精神的领悟，感知精益求精的态度对于工作的重要性；

强化对劳动精神的觉悟，感悟美好生活要靠劳动创造。

项目思维导图

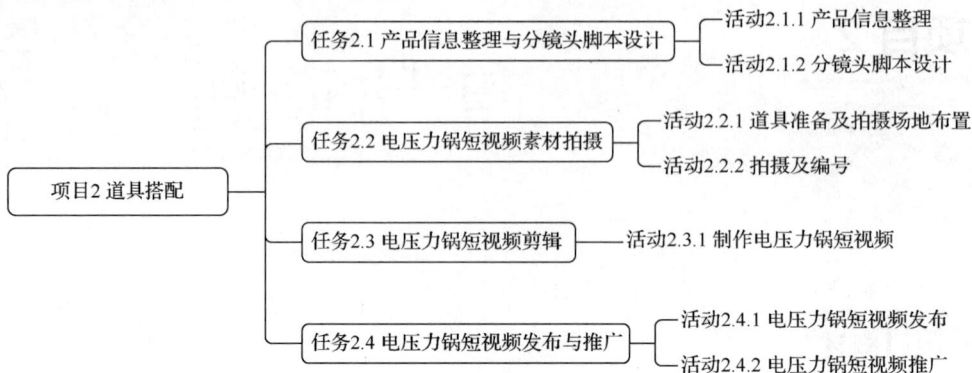

```
                                   ┌── 任务2.1 产品信息整理与分镜头脚本设计 ──┬── 活动2.1.1 产品信息整理
                                   │                                    └── 活动2.1.2 分镜头脚本设计
                                   │
                                   ├── 任务2.2 电压力锅短视频素材拍摄 ──┬── 活动2.2.1 道具准备及拍摄场地布置
        项目2 道具搭配 ────────────┤                              └── 活动2.2.2 拍摄及编号
                                   │
                                   ├── 任务2.3 电压力锅短视频剪辑 ──── 活动2.3.1 制作电压力锅短视频
                                   │
                                   └── 任务2.4 电压力锅短视频发布与推广 ──┬── 活动2.4.1 电压力锅短视频发布
                                                                      └── 活动2.4.2 电压力锅短视频推广
```

任务 2.1　产品信息整理与分镜头脚本设计

本项目以电压力锅产品为例，通过短视频的方式展示产品卖点。根据商业短视频制作流程及商品项目要求，为更好地在短视频拍摄中突出产品优点、提高产品销量，本任务要求小潘团队对产品相关信息进行收集整理，以便拍摄者能够全面了解产品属性，并根据市场需求和消费群体研究、设计短视频分镜头脚本，以此做好商业短视频拍摄的前期准备工作。

为更好地完成该任务，这里将该任务分解为两项活动：一是产品信息整理，从产品信息的数据收集和客户产品信息整理两方面，汇总产品信息；二是设计项目短视频分镜头脚本，从内容、拍摄手法、时长等方面，做好脚本设计，为任务 2.2 "电压力锅短视频素材拍摄" 做好充分准备。

活动 2.1.1　产品信息整理

活动描述

为制作符合客户需求、具备商业价值的产品短视频，需在视频拍摄前与客户沟通，一方面了解公司项目负责人信息，方便日后沟通；另一方面需对产品信息做全面了解，并进行信息归类整理，如产品外形特征、规格属性、所属类别、产品卖点（同类产品中的优势）等。短视频制作者根据产品信息收集整理的情况，与公司负责人进行沟通，确保在短视频中将产品的优势最大限度地加以展示，吸引更多消费者。

活动实施

电压力锅项目的产品信息整理以及客户信息整理如表 2.1.1 和表 2.1.2 所示。

表 2.1.1　产品信息整理表

序号	产品名称	样品图	规格	品类	特性	数量
1	××电压力锅		产品型号 额定电压 额定功率 额定压力 额定容量 包装尺寸	小家电电压力锅	外形特征 产品优点 个性化功能	1 台

表 2.1.2　客户信息整理表

序号	产品名称	企业名称	联系人	电话/微信	邮箱地址	企业地址
1	××电压力锅	××	张××	189××××××××	××××	××××

知识加油站 ▶

在开始一个商业短视频项目前，一般情况下，首先会进行产品市场竞争调研，了解该产品同行业间在短视频推广方面的市场情况。然后从短视频行业整体竞争状况、同类短视频产品竞争状况以及细分领域的竞争者状况调研中，分析得出本项目产品在拍摄短视频时的创新方向，从而赢得市场竞争力。

活动小结

小潘团队通过整理产品信息，以及与客户进行有效沟通后，对本次项目产品已有一定认识。了解到某品牌电压力锅属于小家电产品，消费人群定位较广，电压力锅 3L 的容量适合三口之家。通过本次活动，小潘团队的电商信息收集整理能力得到了提升，为后期电商短视频拍摄奠定了良好基础。

活动 2.1.2　分镜头脚本设计

活动描述

分镜头脚本是创作短视频过程中必不可少的前期准备工作，是对项目整体性思维的描述。分镜头脚本的作用，就好比建筑大厦的规划图，是摄影师进行拍摄、剪辑师进行后期制作的基础，也是演员和所有创作人员领会导演意图、理解剧本内容和进行再创作的依据。

活动实施

（1）在第三方电商平台搜索相近产品的短视频案例，记录其镜头运用的优点，如表 2.1.3 所示。

表 2.1.3　相关案例构图及镜头的优点

序号	产品名称	网址	构图及镜头的优点

（2）设计电压力锅短视频分镜头脚本，如表 2.1.4 所示。

表 2.1.4　分镜头脚本设计

镜头号	画面	内容	时长	景别	镜头方式	字幕
1		拍摄产品出场展示（产品 360°旋转）	2s	全景	固定	××电压力锅
2		拍摄产品盖子细节	3s	特写	固定	无
3		换角度拍摄产品盖子细节	2s	特写	固定	无
4		拍摄产品锅身材质	2s	特写	固定	3L 精致容量
5		展示压力锅内胆	2s	特写	固定	食品级不粘涂层内胆
6		与食材一同展示	4s	全景	固定	无
7		模特操作，拍摄产品内胆细节，旋转	2s	特写	固定	无

续表

镜头号	画面	内容	时长	景别	镜头方式	字幕
8～12		模特往锅里倒食材	8s	近景切特写	固定加移动	无
13		模特往锅里倒水	2s	近景切特写	固定	无
14		模特盖锅盖	2s	近景	固定	无
15		模特按按钮	5s	近景	固定	（1）智能触控，"烹燃"心动；（2）多功能随心选
16		产品工作状态展示（黑白色切换）	3s	全景	固定	智能调压，省时快焖
17		拍摄产品排气孔排气	3s	近景	固定	一键排气，安全不烫手
18		模特将锅盖打开，展示煮好的食材（双镜头合成）	4s	中景	固定	蒸煮焖炖，一锅搞定
19		模特夹取煮好的食物	4s	近景	固定	无
20		摆好产品，并将煮好的食材装碗展示	3s	全景	运动	精致食尚，美味开启
准备器材	电压力锅、食材、装饰品、餐具					

知识加油站 ▶

电商短视频的时长一般在 3min 以内，因此需要在短时间内以最佳的视觉效果给消费者留下良好的产品印象。这就要求在设计分镜头脚本时，认真构思视频内容要传达产品的什么信息，才能增强广告效果。因此，从产品性能、产品外观、产品的触感等方面，都要认真设计好配文，争取让消费者观看了短视频后能产生购买欲望。

活动小结

本活动中，小潘团队将电压力锅的制作工艺及使用效果作为视频的主要内容，在分镜头脚本设计中，利用多个特写，突出了产品的工艺质感，并用近景聚焦了食材烹饪后的诱人状态。拍摄过程中，要求使用镜头的代入感，增强消费者的观感体验。分镜头脚本文案的内容简洁明了，让摄影师和剪辑师一看就懂。

任务 2.2　电压力锅短视频素材拍摄

产品短视频拍摄的前期准备工作包括：拍摄团队组建、故事脚本创作、演员及其化妆、道具准备、服装准备以及拍摄场地布置与拍摄设备的准备等。本任务要求小潘团队根据客户要求及视频最终效果的呈现要求，准备道具、布置拍摄环境并进行拍摄。

活动 2.2.1　道具准备及拍摄场地布置

活动描述

在开始拍摄短视频前，道具准备与拍摄场地布置是必不可少的环节。本次活动要求小潘团队根据视频画面预设效果及分镜头脚本设计内容，进行道具准备，并实施拍摄场地布置。在拍摄场地布置中，要充分考虑道具、模特的构图关系，以及与布光设备的位置关系，注意构图画面中的主次关系，尽量突出视频主体物——电压力锅，避免喧宾夺主。

小提示 ▶

本活动需要团队共同配合完成，涉及合理分工、团队沟通，应对团队进行团队意识的教育培养。

活动实施

1. 道具准备

拍摄团队通过与客户沟通，了解了客户对短视频画面内容的预期及要求，之后根据分镜头脚本准备道具。道具可分为主要展示物品和装饰物品。本活动为了突出产品的高级感和产品主体，采用电压力锅作为主要道具，不做烦琐装饰。

本活动道具包括单反相机、三脚架、灯光、灯棒、黑色背景布、黑白两款电压力锅、食材、餐具和实物展台，部分道具展示如图 2.2.1 所示。

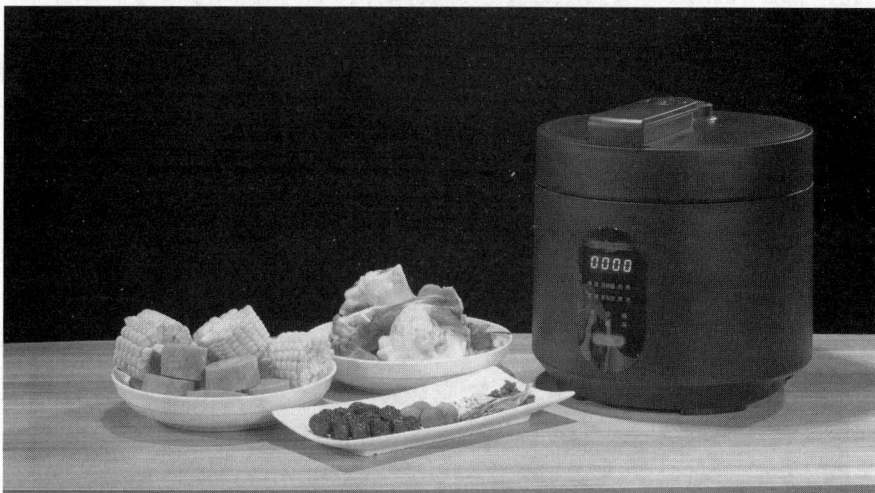

图 2.2.1 部分道具展示

小提示

通过学习道具摆放的构图原理，可以让学生在构图法则中感悟拍摄中的艺术美感，提升生活审美情趣。

2. 拍摄场地布置

在布置拍摄场地时，首先要决定是在户外拍摄还是在室内拍摄。本活动的拍摄产品是电压力锅，属于家庭厨房小电器，因此拍摄场地选在室内即可。为了让消费者将视觉聚焦于产品上，背景不宜太花哨，可以选择简单或纯色背景，如装修简洁明亮的厨房。道具摆放可根据画面构图手法进行布置，一般分为水平线构图、垂直线构图、九宫格构图、对角线构图、中心式构图、对称式构图、框架式构图及前景构图等。

本活动需要对物品进行摆放并不断调整，并且需要注意精准到灯光的角度以及物品的色彩搭配。在一次次物品关系摆放角度调整过程中，提升了学生精益求精的工作态度，促进其工匠精神的形成。

本活动的拍摄场地布置如图 2.2.2 所示，具体布置步骤如下：

（1）为突出产品主体性，背景布置选择简单的黑色背景布。

（2）将产品主体摆放在实物展台上，并将拍摄设备以平视角度对准主体物，让主体物处于画面视觉的中心位置。

（3）设置好主光源、补光源以及补光板等灯光道具，为烘托主体物的外形质感，可考虑侧打光，以突显产品的立体感。

（4）为达到拍摄脚本要求，可在产品下方放置旋转盘，以便全方位拍摄产品造型。

（5）根据分镜头脚本要求，可在不同分镜头中更换拍摄产品。

（6）摆放好监控设备，对拍摄效果进行实时把控。

图 2.2.2　拍摄场地布置

电商短视频是为了推广产品，因此在拍摄的前期准备中，道具的准备及拍摄场地的布置要始终围绕烘托产品的特征而进行。在拍摄场地布置时，特别要注意道具的色彩搭配、位置的疏密关系、构图法则的应用等。

活动小结

通过本活动，小潘团队根据客户对短视频的画面预期效果及分镜头脚本要求，进行道具准备及拍摄场地布置。在拍摄场地布置的过程中，始终遵循突出拍摄主体性原则，让所有设备为产品服务，突出产品质感，为接下来的短视频拍摄提供了高质量保障。但美中不足的是，小潘团队在布置场地时，欠缺色彩搭配考虑，电压力锅有黑白色两款，拍摄黑色款时，背景也是黑色，若光源布置不恰当的话，很容易将产品融入背景中，使得主体效果不明显，所以拍摄黑色产品可考虑使用浅色色系背景，如灰色背景。

活动 2.2.2 拍摄及编号

活动描述

本活动正式开始短视频的拍摄。首先，根据分镜头脚本设计，选用合适的拍摄技巧，将产品动态完美呈现，达到从视觉上吸引消费者的目的；其次，在拍摄完毕后学会对素材进行编号，以便后期剪辑师能快速便捷地挑选素材进行剪辑。

> **小提示**
>
> 本次活动中，需要学生自制食物，在劳动中感受到生活的美好，提升对劳动创造美好生活的感悟。

活动实施

1. 沟通拍摄思路

首先，摄影师应与导演充分沟通，了解画面预期呈现的效果。然后根据分镜头脚本，共同设计拍摄角度、手法、运动等拍摄技巧。同时应做好分镜头分类，将同一道具的镜头安排在同一时间段内拍摄，以此提高拍摄效率。

2. 按分镜头拍摄

按照分镜头脚本分别进行黑色和白色电压力锅产品短视频素材拍摄，并且需要注意以下拍摄细节：
（1）避免逆光拍摄。
（2）对焦要准确、清晰。
（3）围绕中心对象拍摄，注意画面构图。
（4）注意拍摄环境，避免杂物进入画面，造成镜头浪费。
（5）分镜头衔接视听语言法则。

（6）拍摄过程中要有时长概念。

（7）多机位拍摄，积累素材。

（8）把握黄金三秒钟，即产品短视频每个分镜头的时长不宜过长，以 1~3 秒为宜。

3．对素材进行整理、编号

拍摄完毕后，挑选出所需的视频素材，根据拍摄时间顺序对素材进行整理、编号，如图 2.2.3 所示。

图 2.2.3　已编号素材

📹 活动小结

本活动中，小潘团队结合前期任务活动准备及分镜头脚本，与灯光师、摄影师等共同完成了产品短视频拍摄，并将视频素材进行了整理、编号，删除作废镜头。下一步便可以进行短视频的后期制作，即进行短视频剪辑。

任务 2.3　电压力锅短视频剪辑

电商产品短视频剪辑是短视频后期制作环节中的重要内容。本任务要求小潘团队根据客户要求，将电压力锅短视频制作中所拍摄的大量素材，经过选择、取舍、分解与组接，最终完成一个连贯流畅、含义明确、主题鲜明并有艺术感染力的视频作品。

活动 2.3.1　制作电压力锅短视频

📹 活动描述

电压力锅的主要功能是用来烹饪食物，前期已经将产品的属性介绍、使用情况的过程素材拍摄完毕，本活动要求小潘团队在后期视频编辑中主要通过合理组织和剪辑素材，使整个产品介绍更加清晰，然后配上合适的文字及音乐效果，让产品卖点更加突出，并且在视频末尾突出产品在食材烹饪方面的优质效果,让产品更加深入人心,促进产品销售。

活动实施

短视频最终效果如图 2.3.1 所示。

图 2.3.1　最终效果

(1)启动 Pr 软件,新建项目并将其命名为"××电饭锅",然后选择好项目保存的地址,其余设置保持默认值,如图 2.3.2 所示。

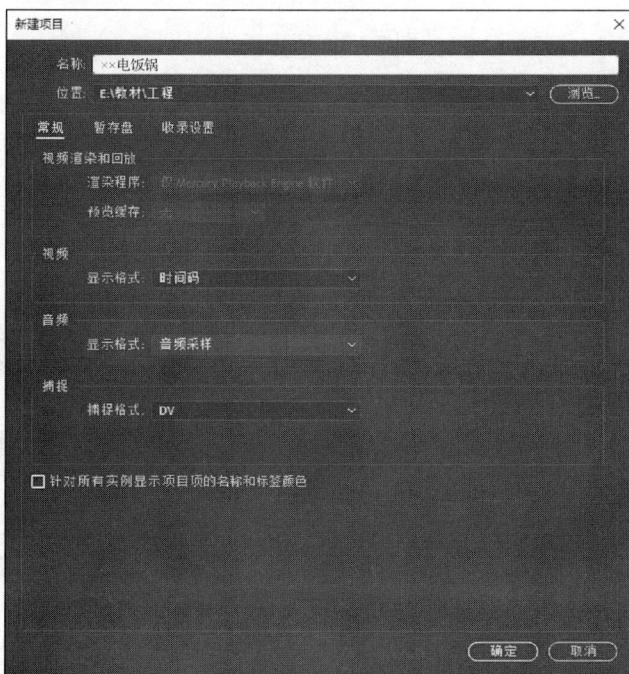

图 2.3.2　新建项目

（2）新建"1920×1080，25fps"的序列，如图 2.3.3 所示，并将此序列命名为"××
电饭锅"。

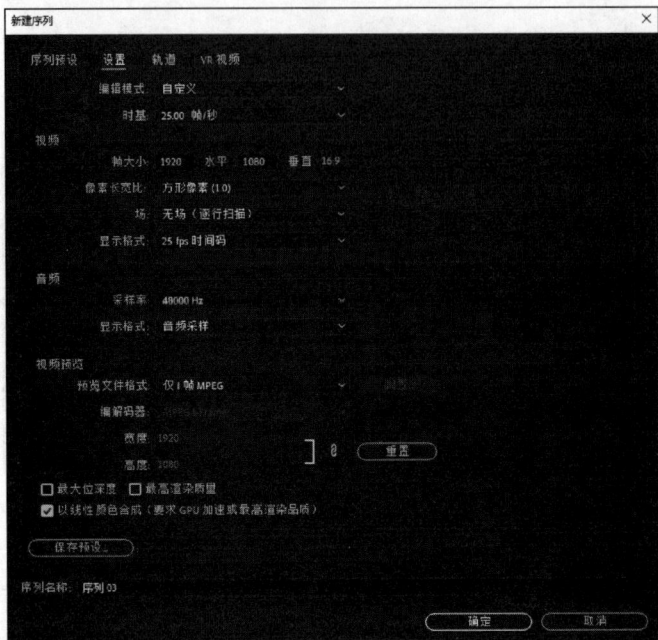

图 2.3.3　新建序列

（3）在"项目"工作区双击进行素材导入，在打开的对话框中选择"黑白电压力锅
（已完成）/素材"文件夹下的素材，如图 2.3.4 所示，导入并将素材以文件夹形式归类，
分别为"视频素材""字幕素材""片头片尾素材""音频素材"。

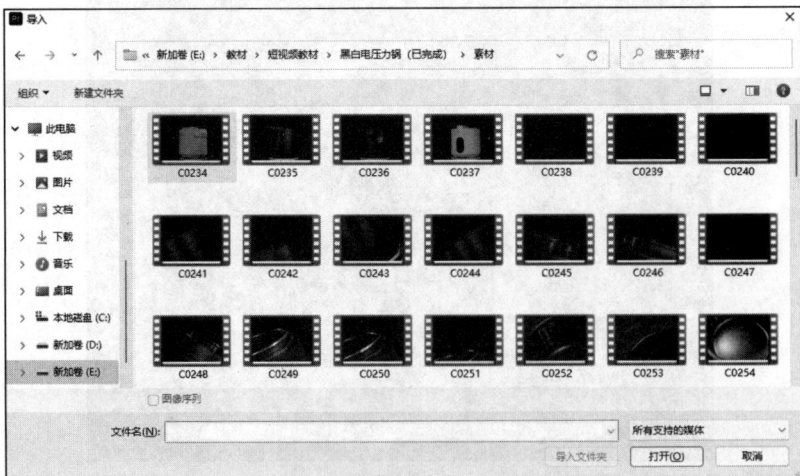

图 2.3.4　导入素材

知识加油站 ▶

如果要导入的素材比较多，可对素材进行文件夹分类，方便剪辑时快速找到需要的素材。

（4）根据脚本在已拍摄好的素材中选取合适的素材拖入"××电饭锅"的时间线上，并且在选好的素材片段中截取合适的镜头，如图 2.3.5 所示。

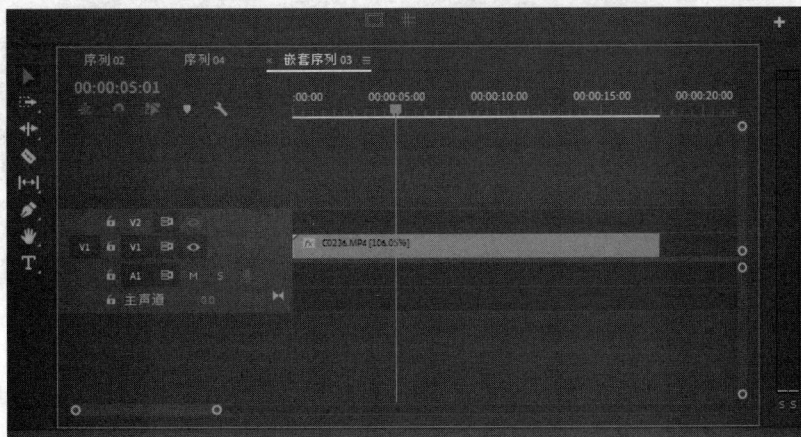

图 2.3.5　选取片段并插入时间线

（5）将素材（C0236）放入时间线并加以调整，方法如下：在"效果控件"面板中对"位置"及"缩放"等参数进行调整，如图 2.3.6 所示，效果如图 2.3.7 所示。

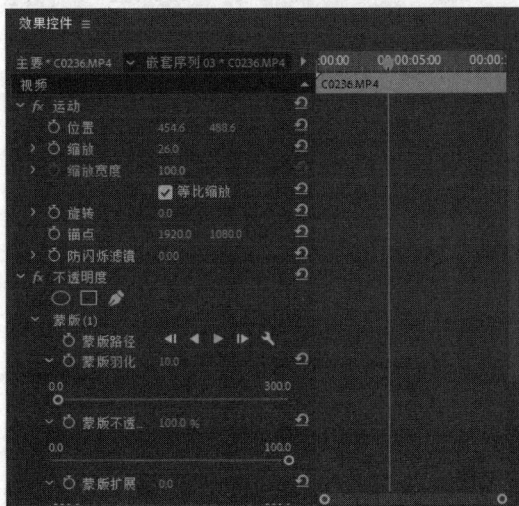

图 2.3.6　参数设置

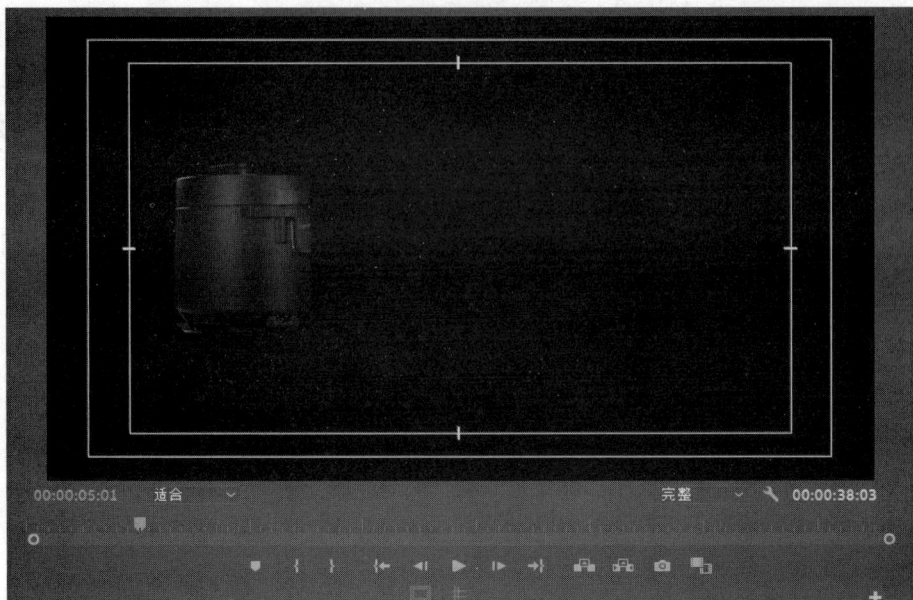

图 2.3.7　制作效果

（6）对电压力锅素材（C0236）进行"抠像"处理，以达到所需的特殊效果。方法如下：选中电压力锅素材，打开"效果控件"面板，然后在"不透明度"选项区中单击"钢笔"工具，如图 2.3.8 所示，然后沿着电压力锅外形轮廓进行"抠像"，效果如图 2.3.9 所示。

图 2.3.8　单击"钢笔"工具

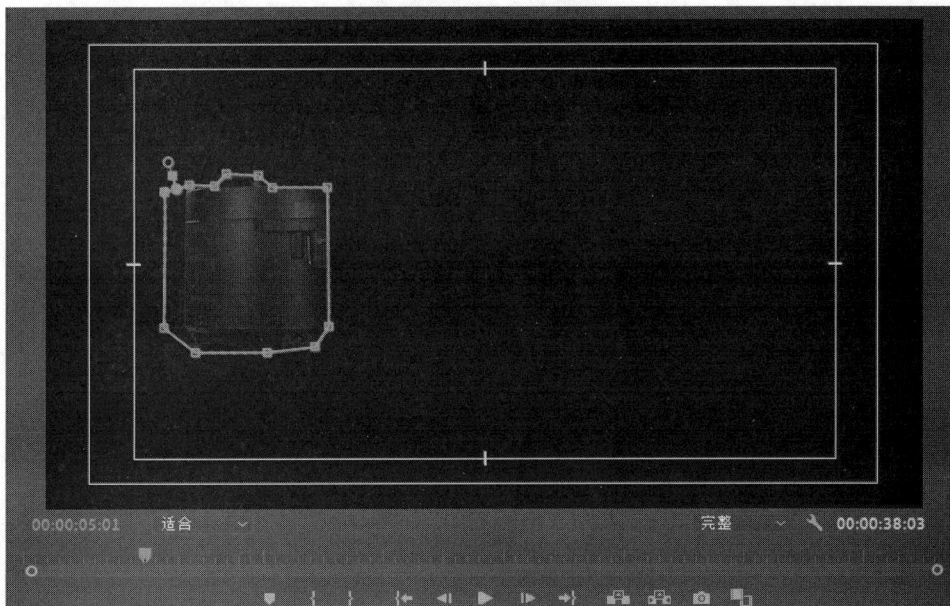

图 2.3.9　抠像效果

（7）重复上一步骤，将脚本中所需要展示的"白色电压力锅"进行同样的抠像操作，并且将两个产品通过"缩放"（效果控件—运动—缩放：26）摆放在同一个画面中，如图 2.3.10 所示。

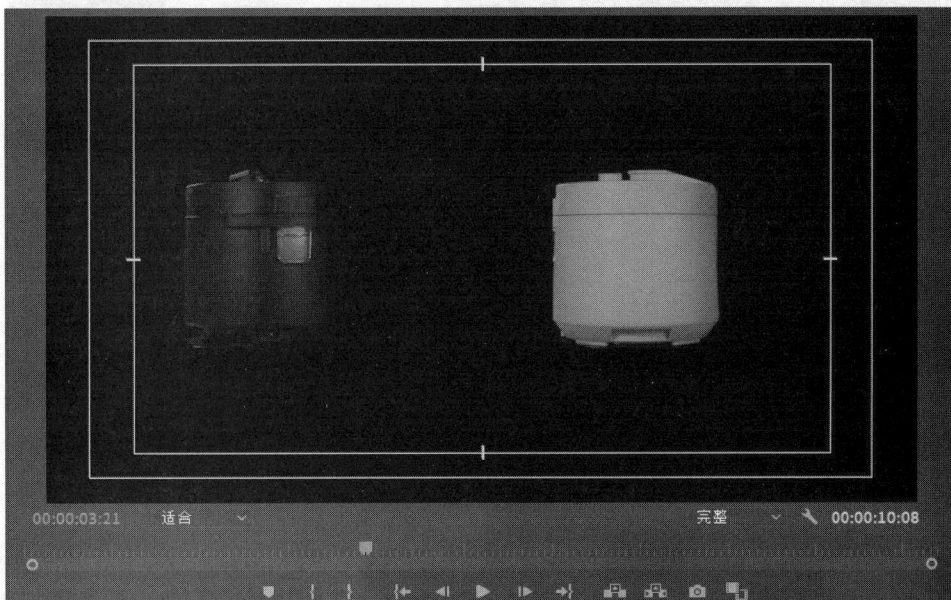

图 2.3.10　缩放比例参数

（8）将两段素材（C0236、C0237）进行"嵌套"处理，方法如下：将需要嵌套的素材全部选中，然后右击，在弹出的快捷菜单中选择"嵌套"命令即可，如图 2.3.11 所示。

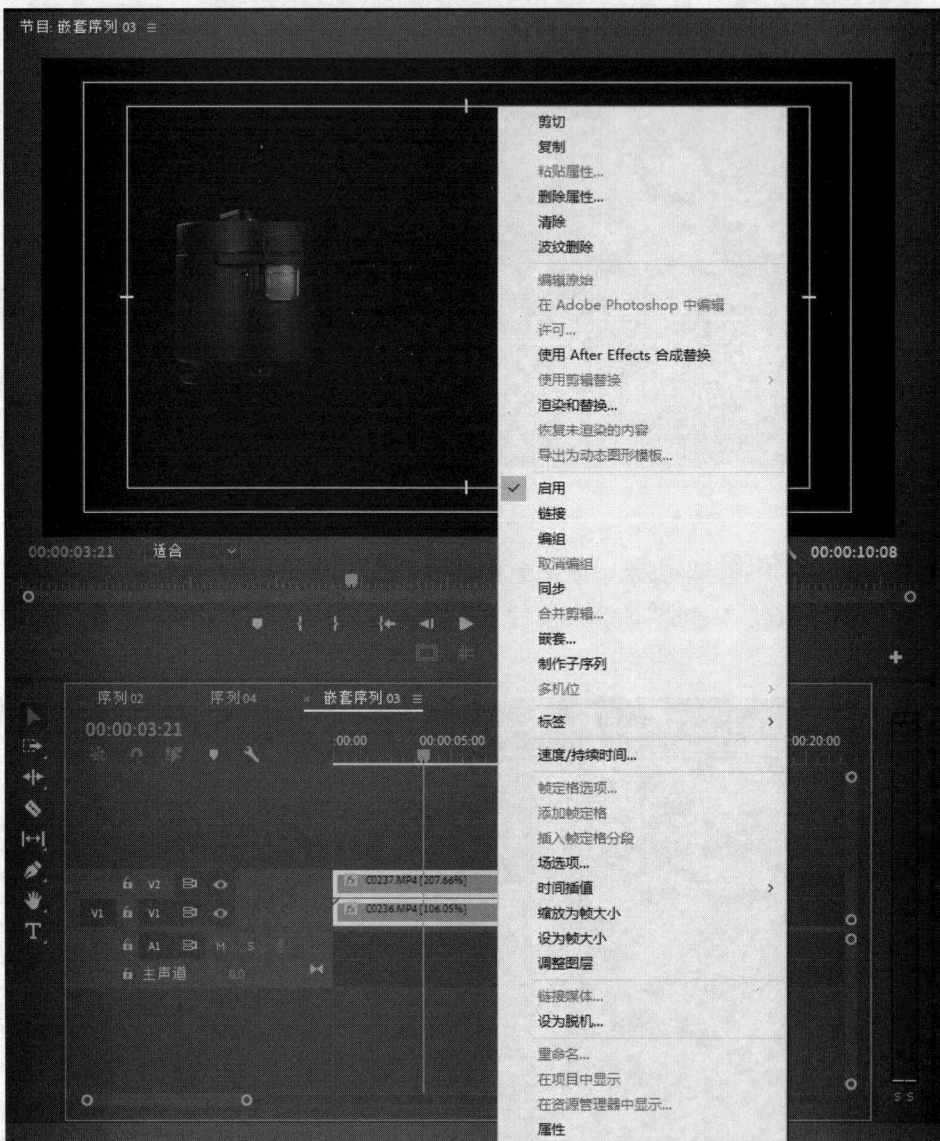

图 2.3.11　将两段素材进行"嵌套"处理

（9）根据脚本设计，将拍摄的视频素材中需要的片段（C0241）拖入时间线并进行微调，如图 2.3.12 所示。在"效果控件"面板中对"位置"以及"缩放"参数进行微调，设置"位置"为（912，540），"缩放"为 50，如图 2.3.13 所示。

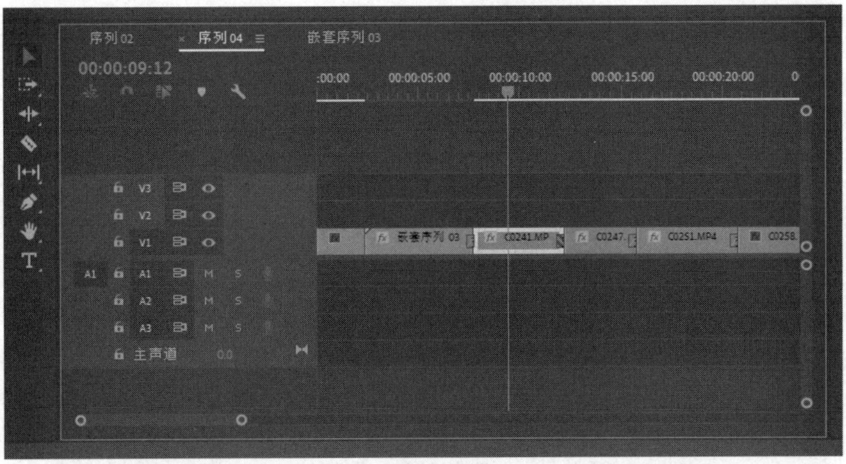

图 2.3.12 将视频素材（C0241）拖入时间线并进行微调

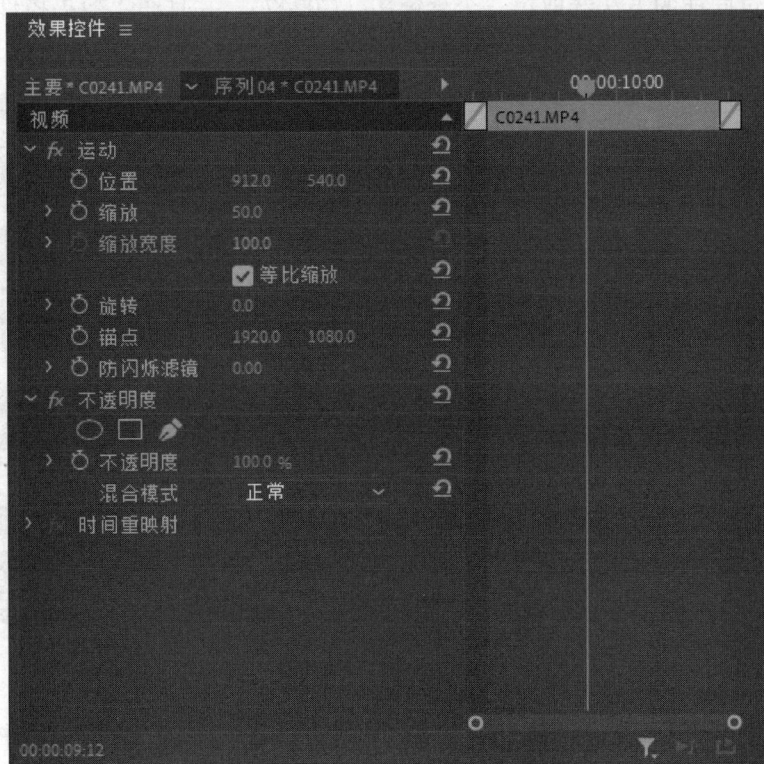

图 2.3.13 调整"位置"和"缩放"参数

（10）根据脚本，将视频素材进行适当加速，方法如下：右击时间线上的视频素材，找到"持续时间"进行调整，如图 2.3.14 所示。

图 2.3.14　调整视频素材的持续时间

（11）通过同样的方法选取第三个分镜头（C0247），并且在"效果控件"面板中设置"位置"参数为（960，540），"缩放"参数为 50，如图 2.3.15 所示。

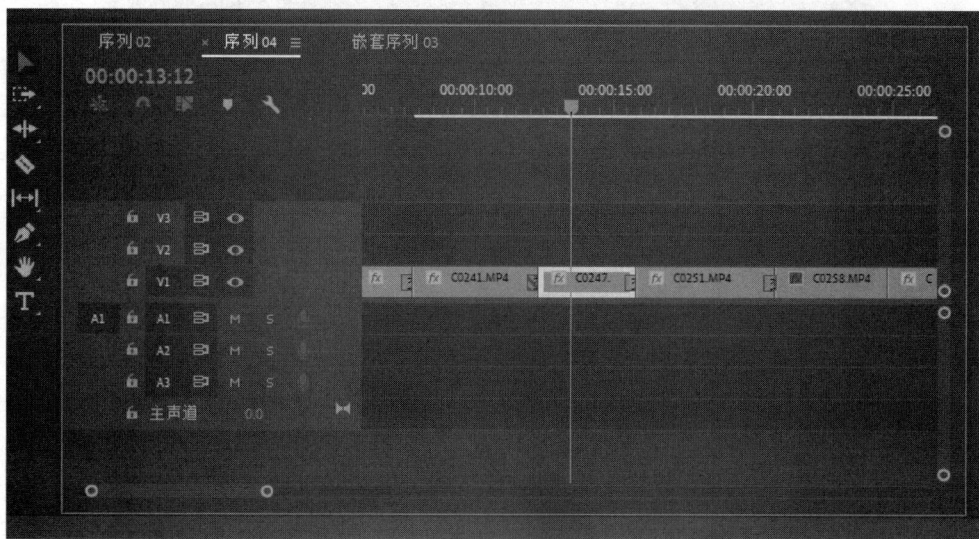

图 2.3.15　将视频素材（C0247）拖入时间线上并进行调整

（12）将第四个分镜头（C0251）选取合适的片段，拖入时间线上，并且将视频素材内容使用工具栏中的"剃刀"工具进行一定程度上的截取，如图 2.3.16～图 2.3.18 所示。

图 2.3.16　截取素材片段（一）

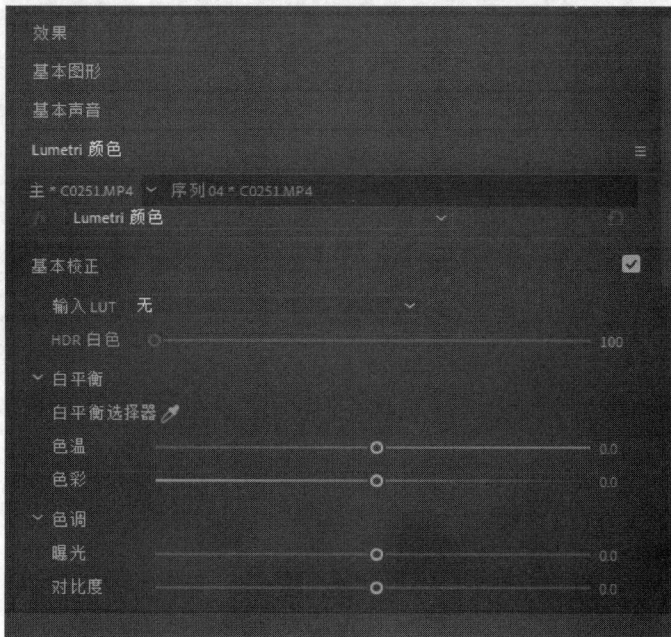

图 2.3.17　截取素材片段（二）

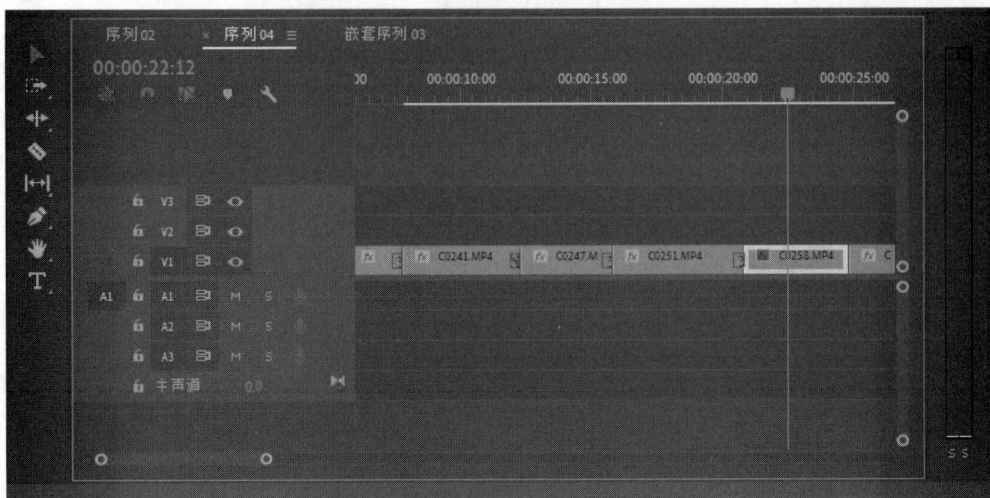

图 2.3.18　截取素材片段（三）

（13）根据脚本设计，选取素材的不同角度展示产品，并且对时间线上的素材进行调整，如图 2.3.19 所示。

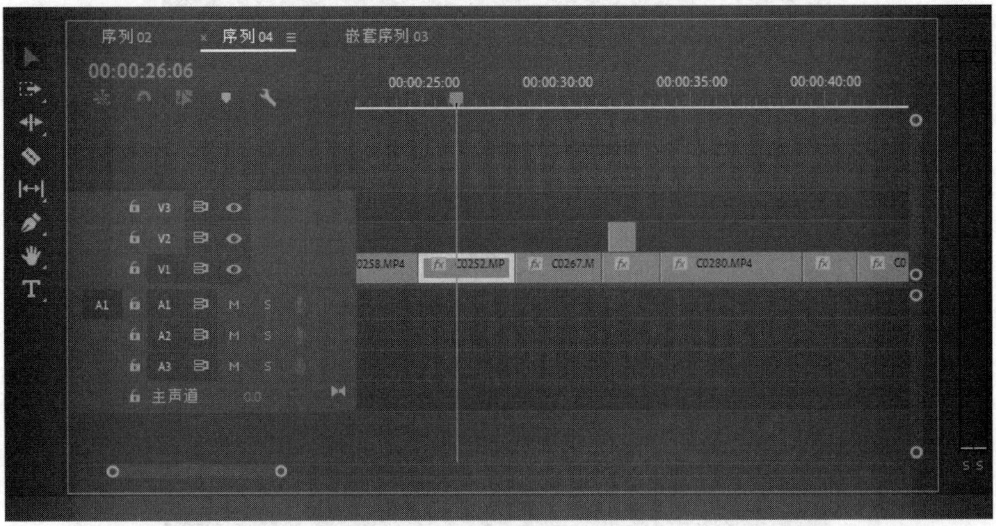

图 2.3.19　调整时间线上素材

（14）展示产品（C0267），为接下来展示产品的功能做铺垫，如图 2.3.20 所示。

图 2.3.20 展示产品

（15）选取产品开盖视频素材（C0273 和 C0279），并分别调整这两个片段的缩放比例为 53 和 60，如图 2.3.21 和图 2.3.22 所示。

图 2.3.21 调整素材（C0273）的缩放比例

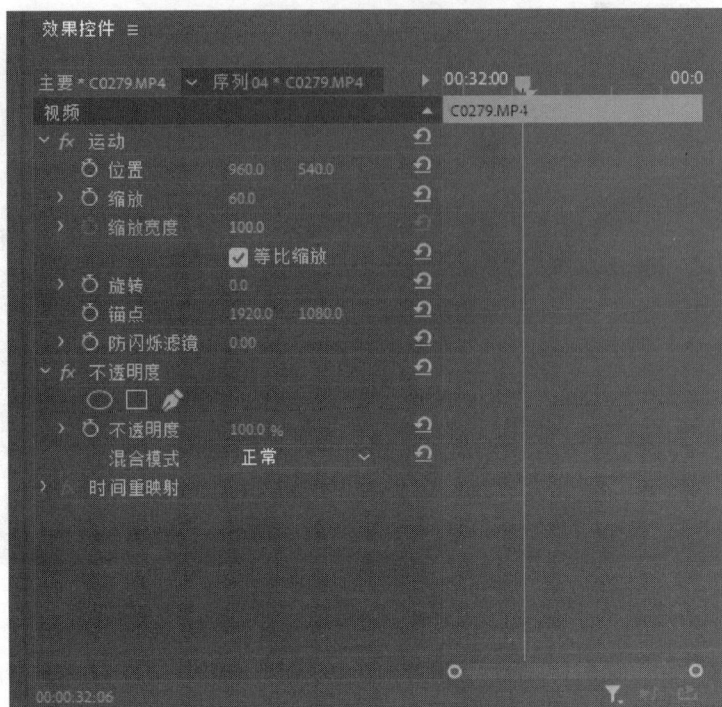

图 2.3.22　调整素材（C0279）的缩放比例

（16）将放入食材的片段（C0280、C0281、C0285 和 C0286）拖入时间线，且调整画面到一个合适的大小，如图 2.3.23～图 2.3.26 所示。

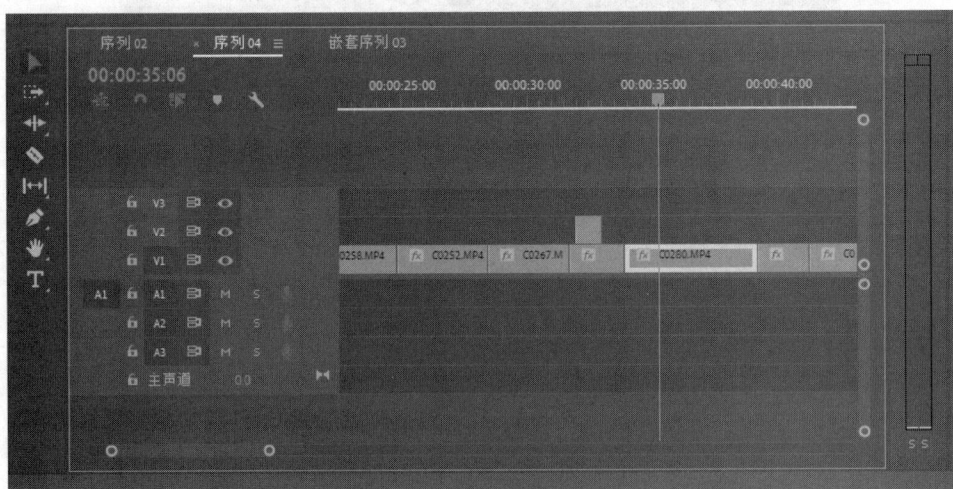

图 2.3.23　将片段 C0280 拖入时间线并调整画面大小

图 2.3.23（续）

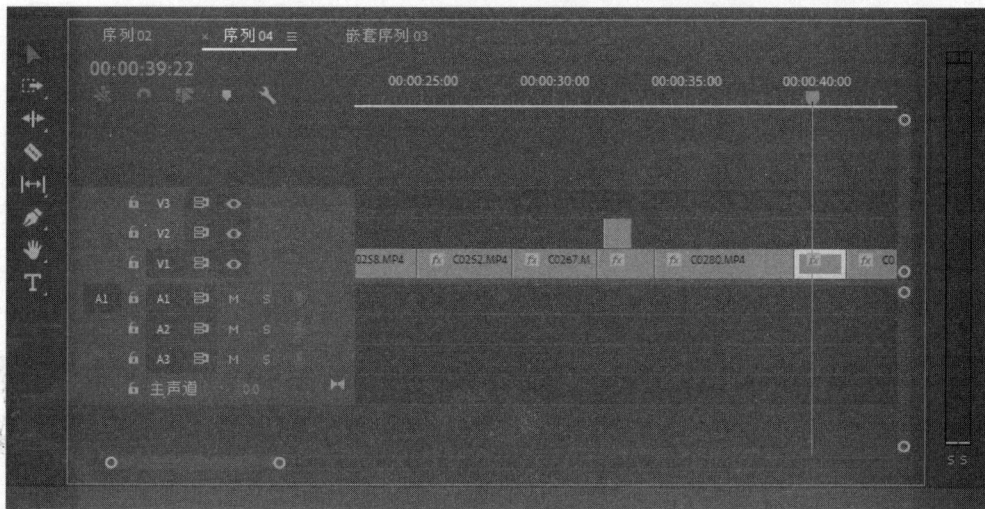

图 2.3.24　将片段 C0281 拖入时间线并调整画面大小

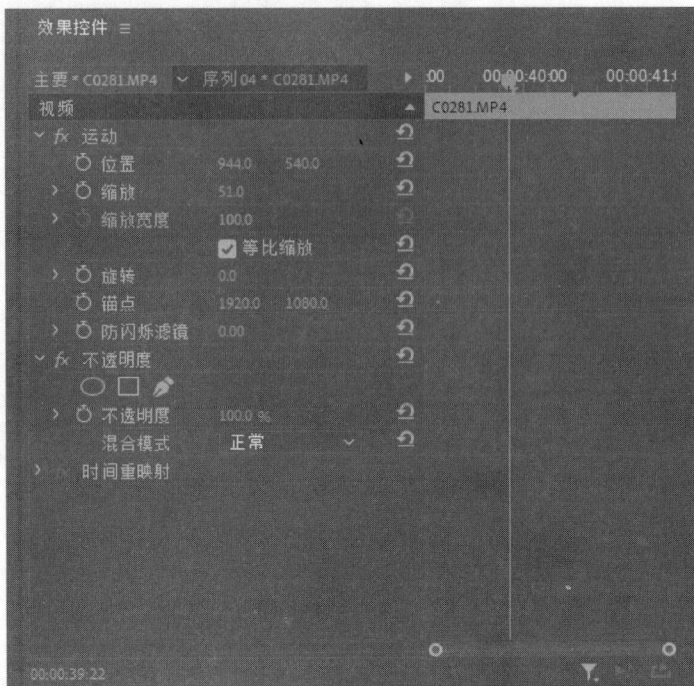

图 2.3.24（续）

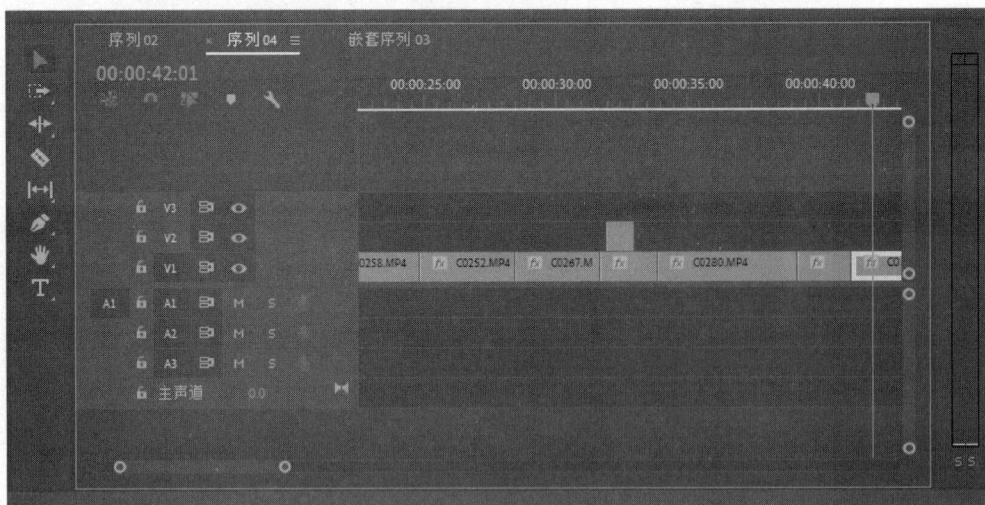

图 2.3.25　将片段 C0285 拖入时间线并调整画面大小

图 2.3.25（续）

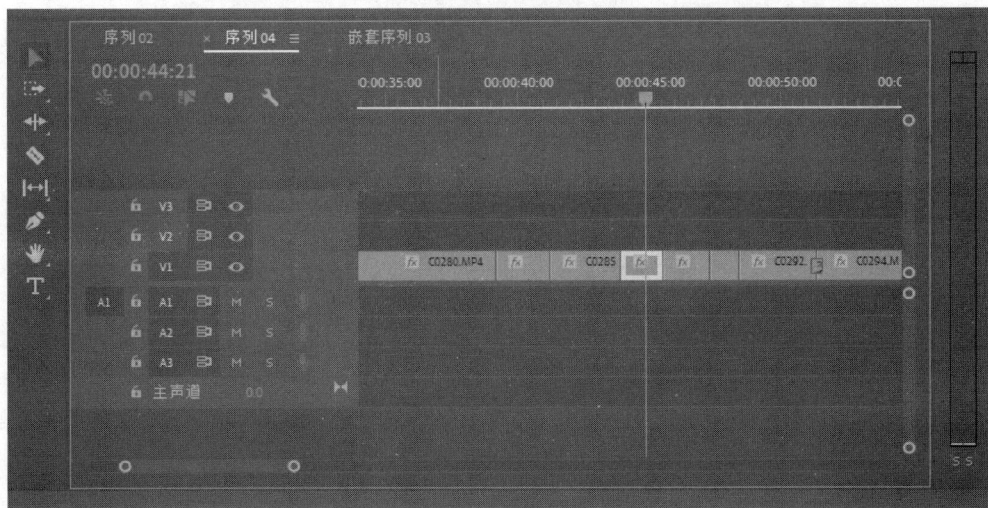

图 2.3.26　将片段 C0286 拖入时间线并调整画面大小

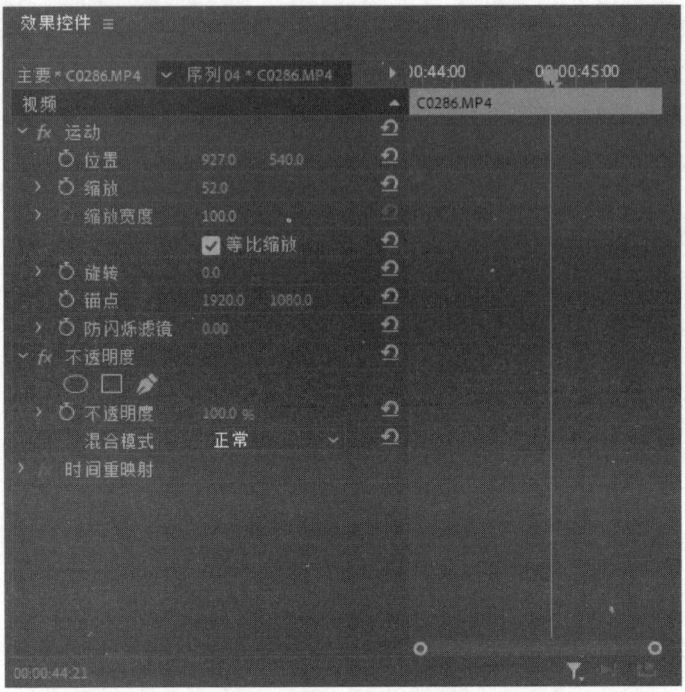

图 2.3.26（续）

（17）将注入水以及放入调料的片段（C0288、C0290 和 C0292）放入时间线并且调整大小，如图 2.3.27～图 2.3.29 所示。

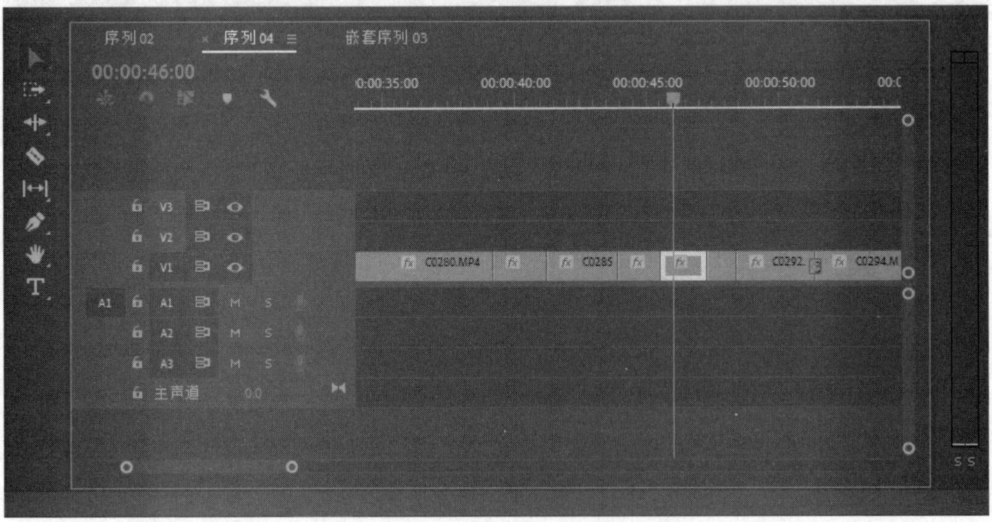

图 2.3.27　将片段 C0288 拖入时间线并调整画面大小

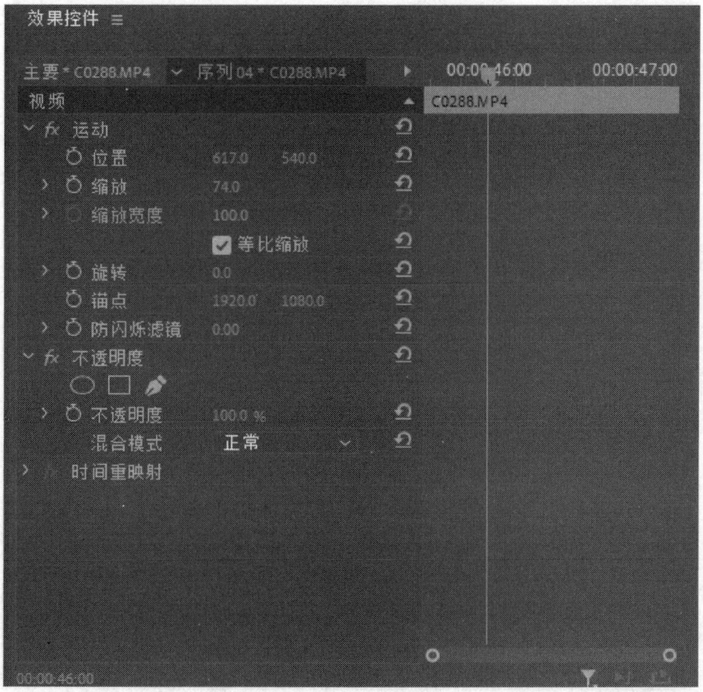

图 2.3.27（续）

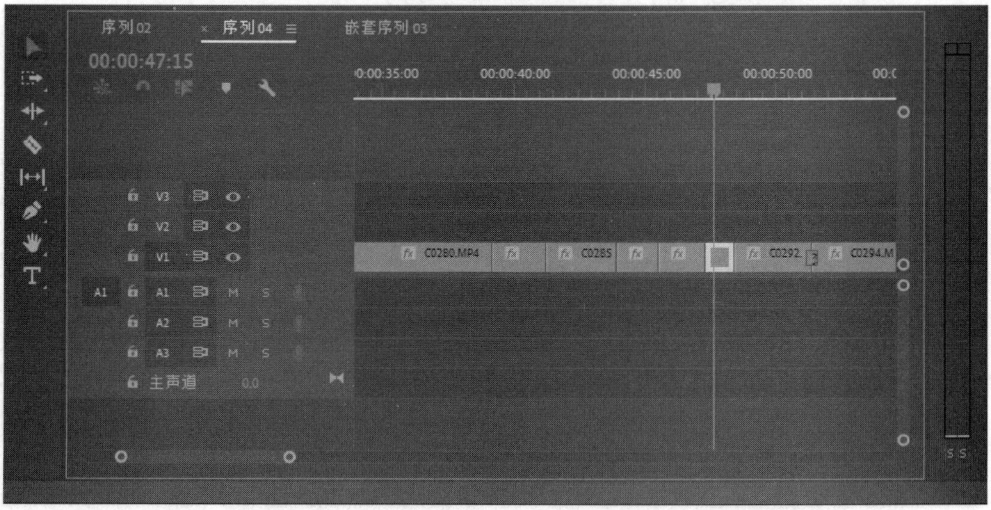

图 2.3.28　将片段 C0290 拖入时间线并调整画面大小

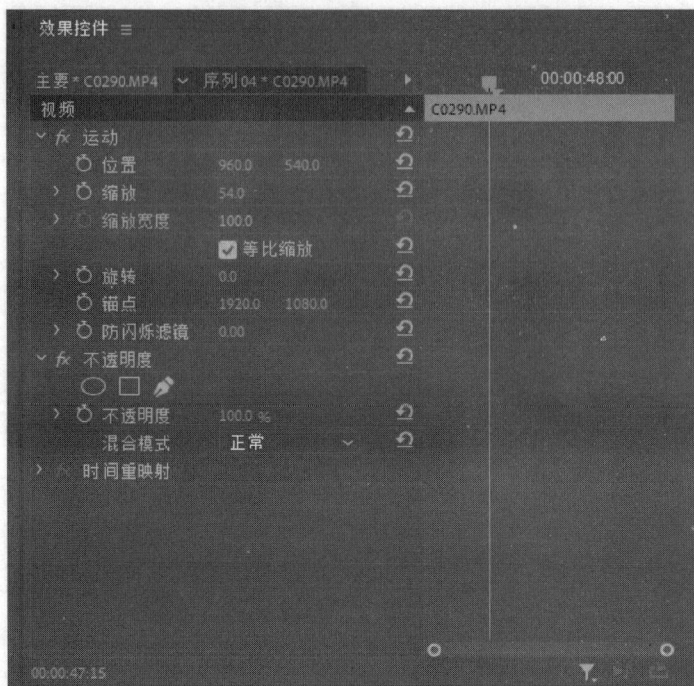

图 2.3.28（续）

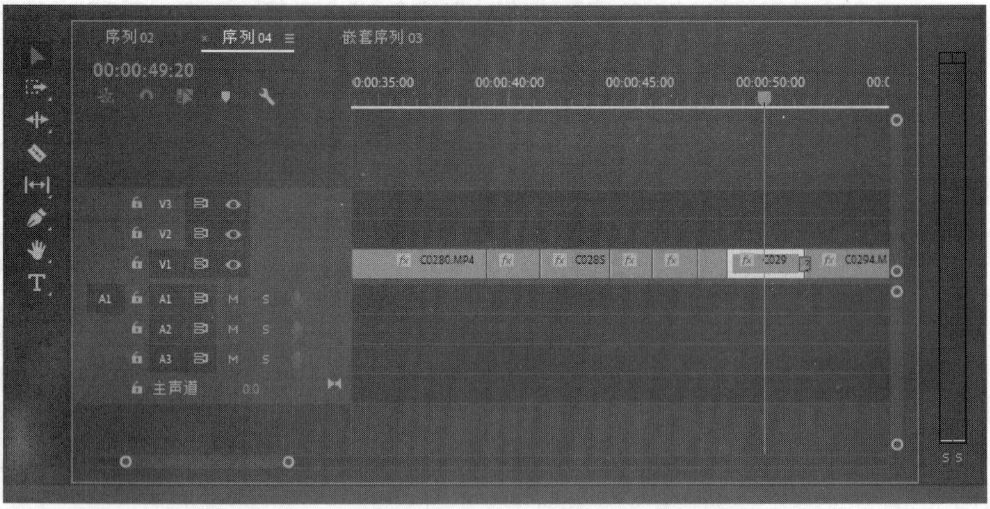

图 2.3.29 将片段 C0292 拖入时间线并调整画面大小

图 2.3.29（续）

（18）开始进行产品"××电饭锅"的功能展示，以及使用操作。方法如下：打开素材（C0294、C0295、C0297 和 C0299）依次排列，剪去视频中的无效内容，如图 2.3.30～图 2.3.33 所示。

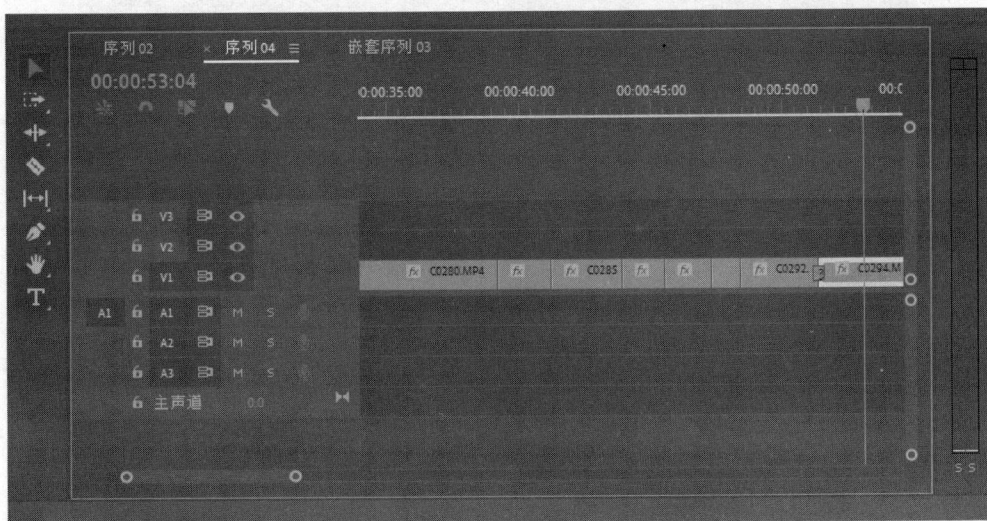

图 2.3.30　剪辑素材 C0294 中的无效素材

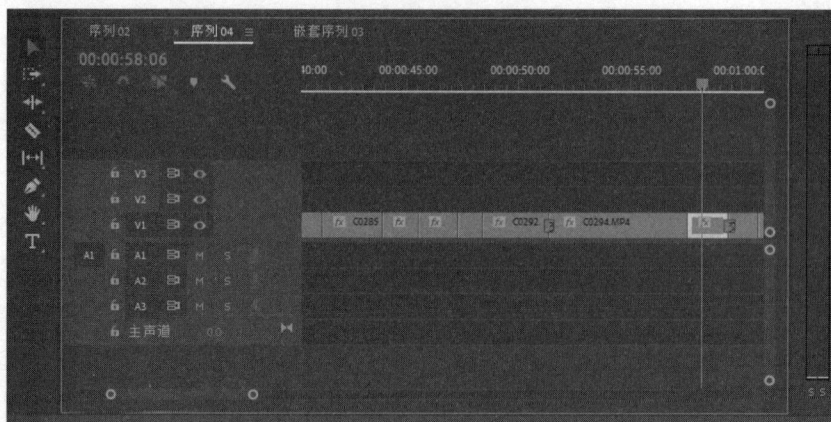

图 2.3.31　剪辑素材 C0295 中的无效素材

图 2.3.32　剪辑素材 C0297 中的无效素材

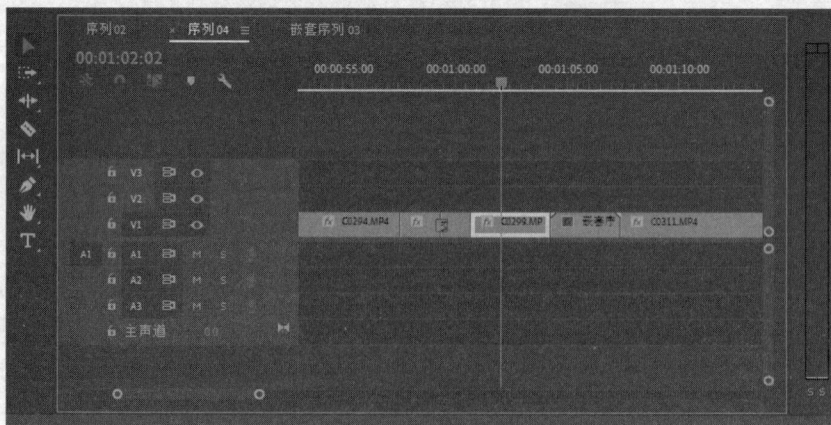

图 2.3.33　剪辑素材 C0299 中的无效素材

（19）展示电压力锅烹饪成果。为了能够全方位展示，此环节采用双镜头合成效果，新建"1920×1080，25fps"的序列，选择两段素材（C0309 和 C0310）拖入时间轴，然后调整画面的大小及位置以便两段素材同时出现，如图 2.3.34 和图 2.3.35 所示，并且将其进行"嵌套"处理，如图 2.3.36 所示。

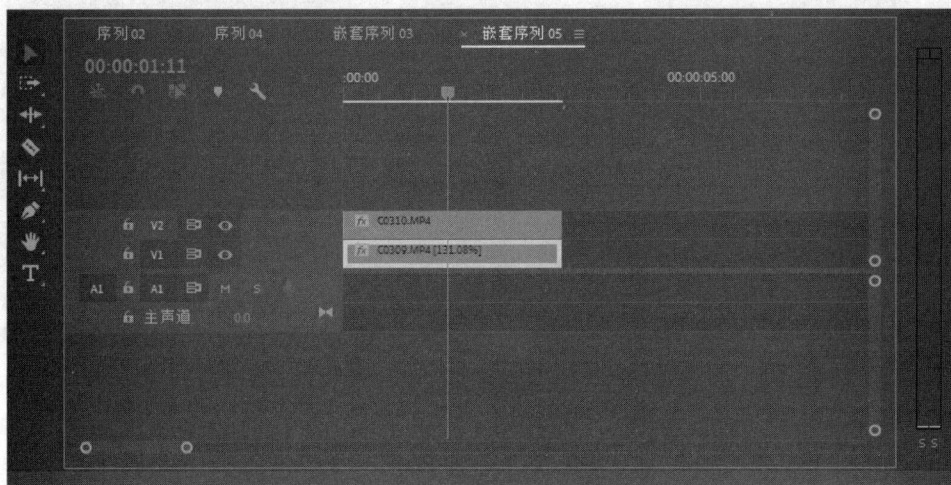

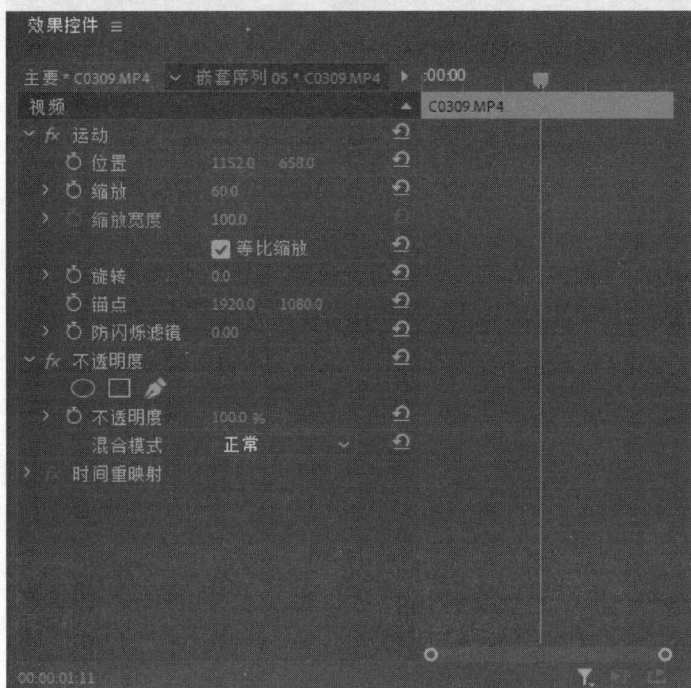

图 2.3.34　将素材 C0309 拖入时间轴并调整画面大小及位置

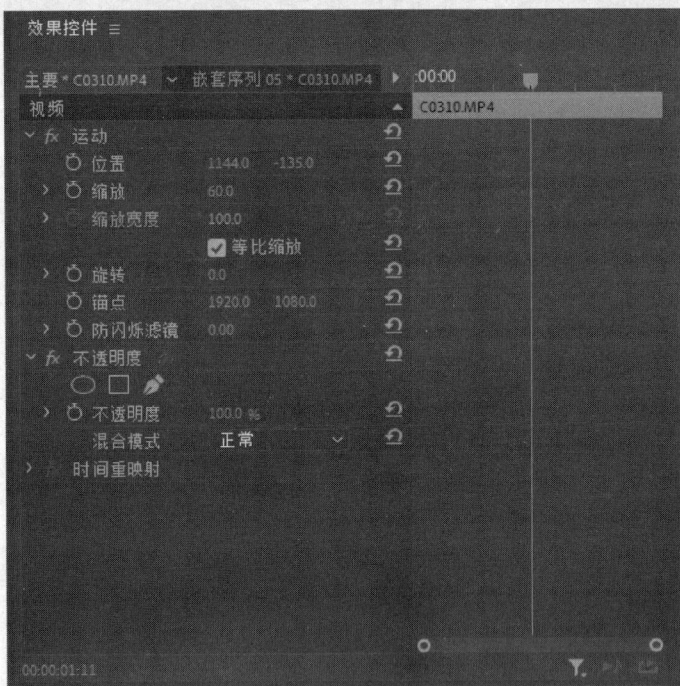

图 2.3.35　将素材 C0310 拖入时间轴并调整画面大小及位置

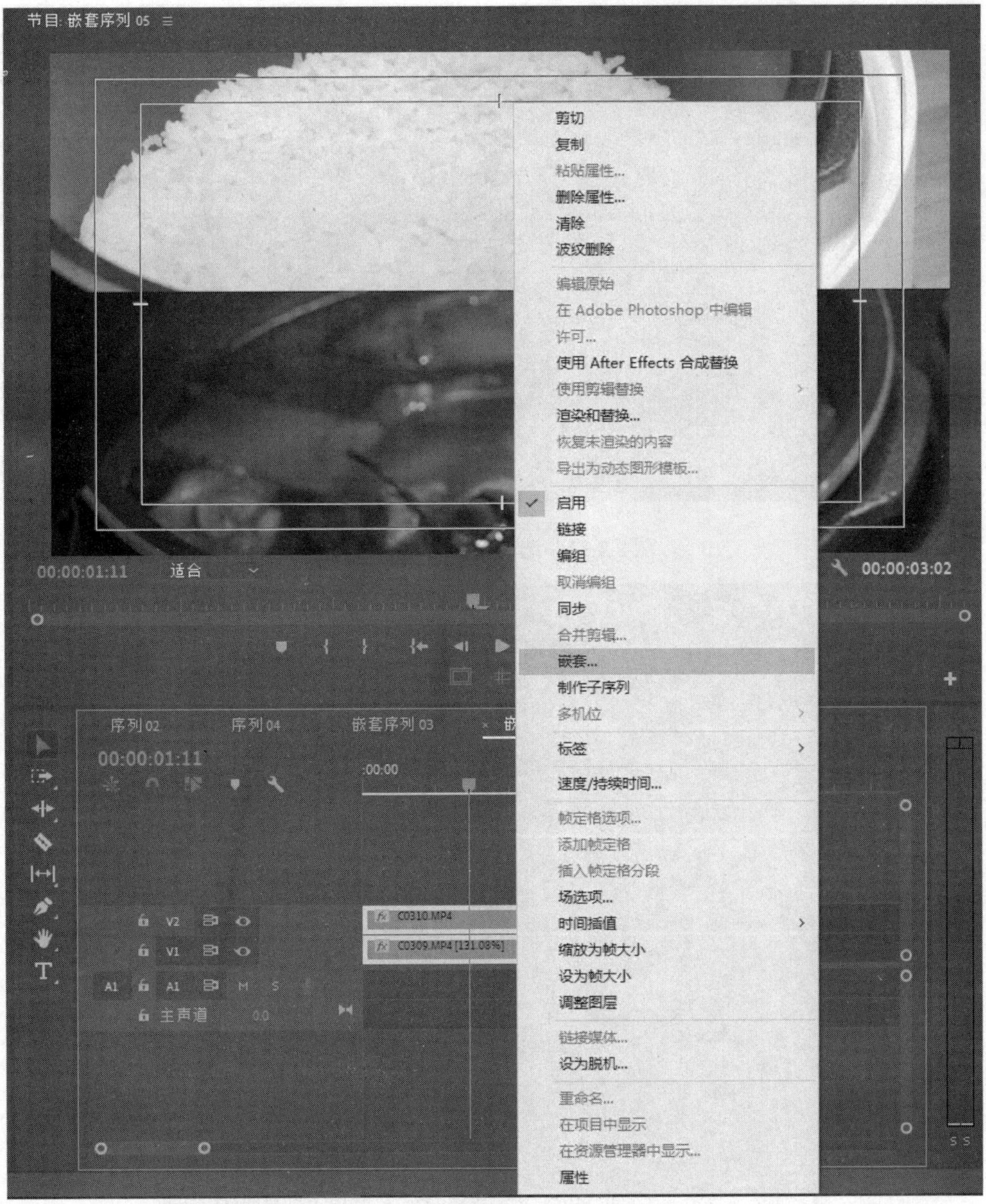

图 2.3.36　对素材进行"嵌套"处理

（20）选取素材 C0311 和 C0312，以展示烹饪好的食材，并且给素材 C0312 添加"变形稳定器"效果以稳定晃动的镜头。具体方法如下：只需在"效果"搜索框中输入"变形稳定器"并将其拖到时间线素材片段上即可，如图 2.3.37～图 2.3.39 所示。

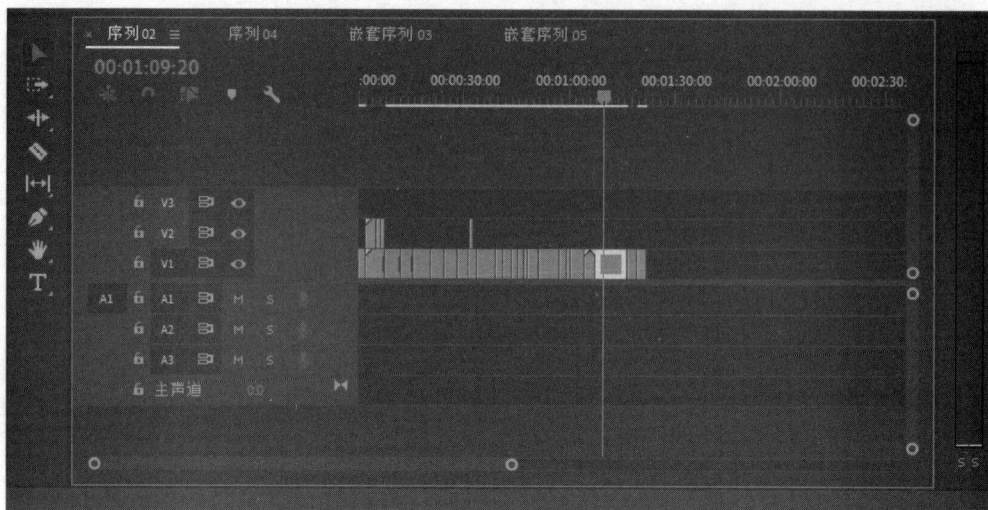

图 2.3.37　选取合适的素材片段

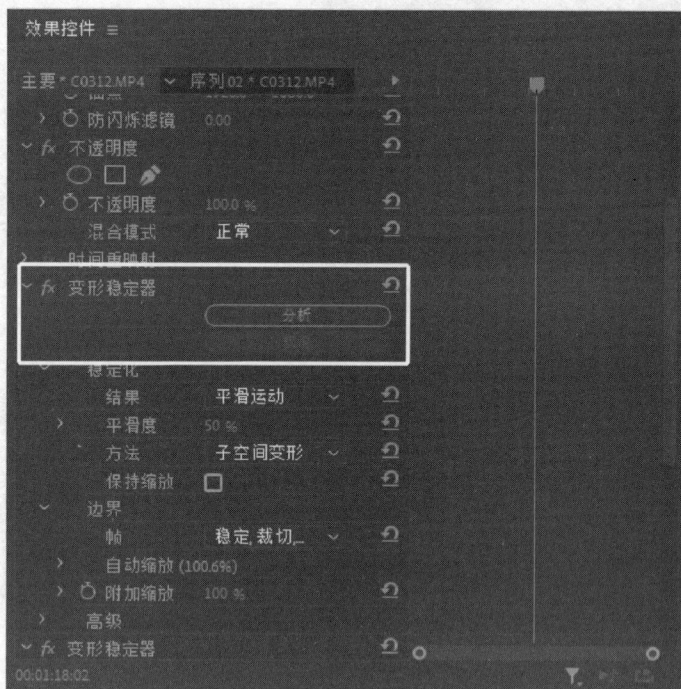

图 2.3.38　搜索"变形稳定器"效果

图 2.3.39　将"变形稳定器"效果拖入时间线

（21）根据脚本添加字幕素材，并且调整出现的时间以及位置，然后使用"效果控件"面板中"颜色键"特效中的吸管工具吸除背景色，达到去除字幕素材所带有的颜色背景的作用，如图 2.3.40 和图 2.3.41 所示。

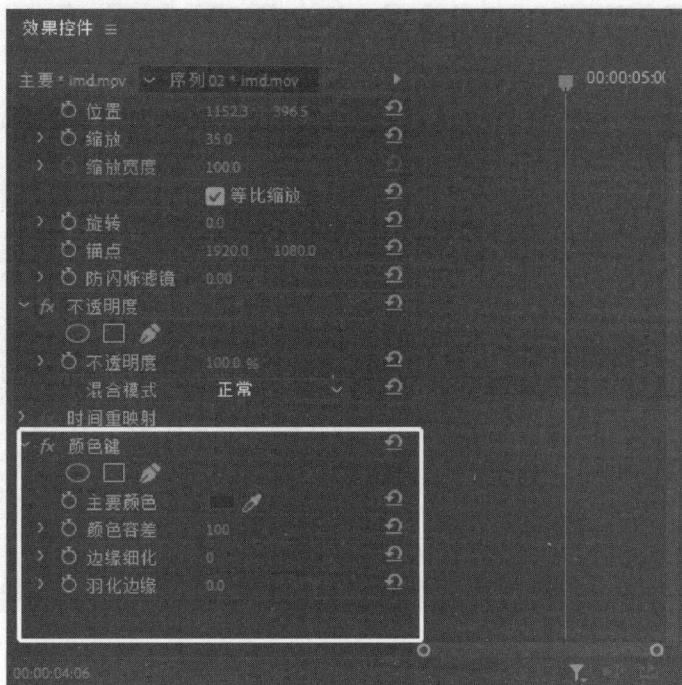

图 2.3.40　搜索"颜色键"效果

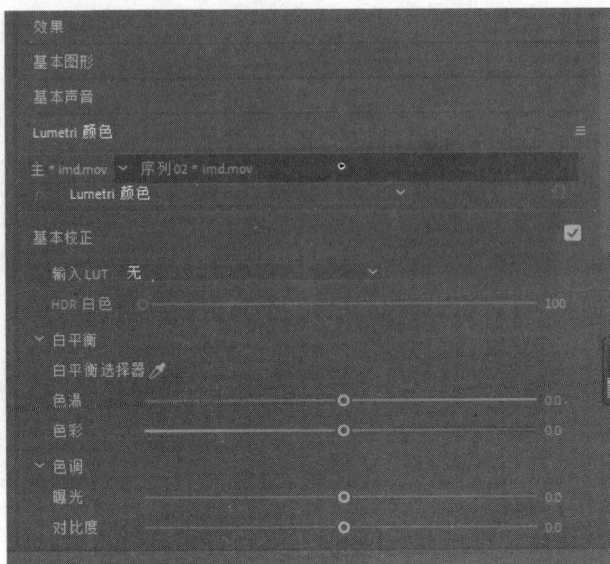

图 2.3.41　添加 "效果" 颜色键去除紫色背景

（22）使用相同的方法处理其余字幕效果，并调整字幕素材位置，如图 2.3.42 所示。

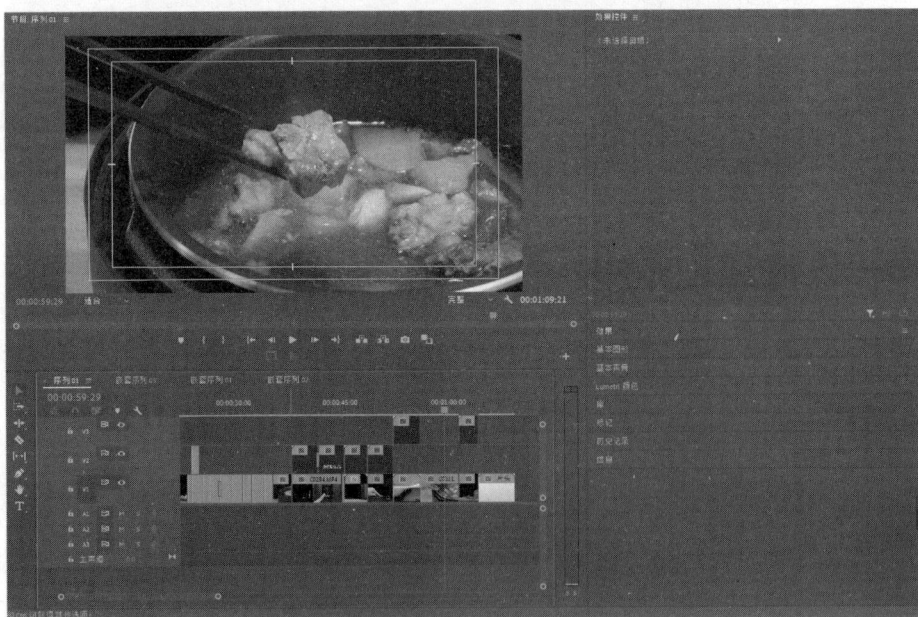

图 2.3.42　调整字幕素材位置

（23）添加合适的背景音乐，让视频更加饱满生动。方法如下：将音频素材拖至时间线音频工作区，并且裁剪音频时长以符合视频长度，如图 2.3.43 所示。

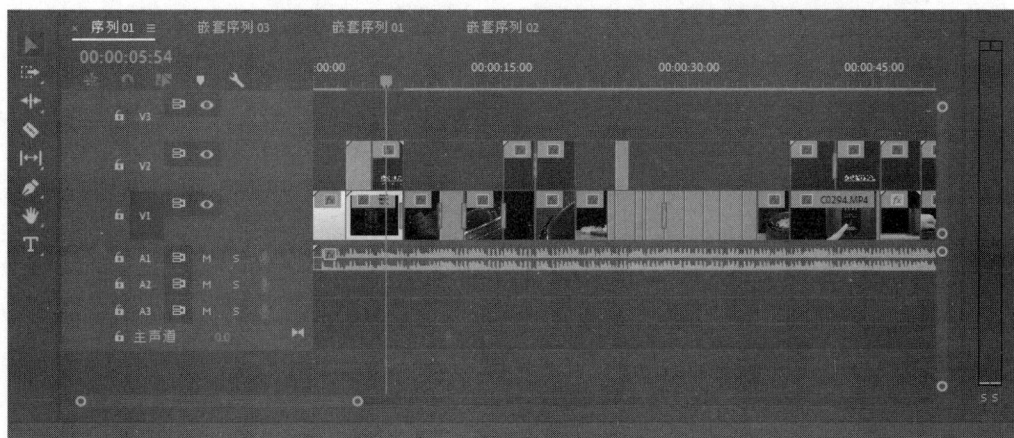

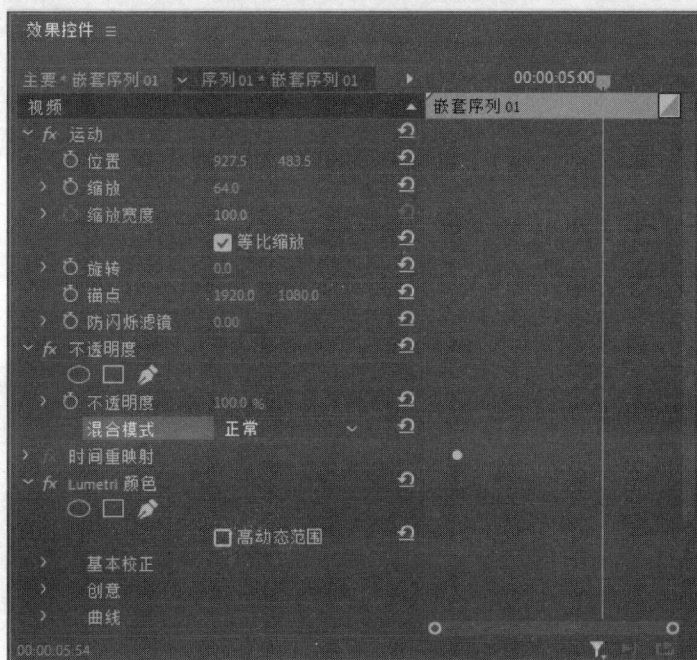

图 2.3.43 添加背景音乐

（24）在视频剪辑工程完成后开始对视频进行导出渲染，方法如下：按 Ctrl+M 组合键导出视频，在导出界面中选择"H.264"格式，生成后缀名为.MP4 的视频文件，如图 2.3.44 所示。H.264 是一种视频编码格式，也称为高级视频编码（advanced video coding，AVC），是目前应用较广泛的视频压缩标准之一，能够在保证视频质量的前提下，将视频文件压缩至较小的文件大小，从而节省存储空间和带宽，优点是高效、灵活、广泛支持，并且可以在各种设备上进行解码。

图 2.3.44　导出格式设置

（25）设置完导出格式后，在"文件名"中输入文件名称，然后设置视频导出后的保存名称以及保存位置，如图 2.3.45 所示。

图 2.3.45　视频导出的命名以及导出的文件夹

活动小结

小潘团队通过视频完整地展示了"××电压力锅"的产品卖点和特点，并且字幕设计采用了白色动态字幕，使得画面整体更显高档，烹饪的食材更显诱人，可以激发消费者的购买欲。同时善于利用图像动画，形象表达了电压力锅的烹饪效果，结合背景音乐，使得整体画面变得更加轻松、愉悦，提高了视频的观赏性。因此，视频的整体效果非常不错，达到了客户的要求。

任务 2.4　电压力锅短视频发布与推广

电子商务（electronic commerce），简称"电商"，是指利用互联网等信息技术手段，进行商务活动的过程。它是一种通过计算机网络（如互联网）进行的商业活动，包括在线购物、在线支付、电子票务、网络拍卖、在线广告等多种商业活动形式。短视频+电商的模式是利用短视频推广产品，即我们常说的短视频带货，因为它时长较短，可以精准展示产品销售信息，这也是目前在电商平台推广宣传产品的最有效手段。本任务要求在基于短视频拍摄制作的基础上，将视频投放至推广平台，对产品进行推广宣传，从而促进产品销售。

活动 2.4.1　电压力锅短视频发布

活动描述

小潘团队在完成产品短视频制作后，需要在短视频平台发布，以达到推广宣传、增加产品销量的目的。电商短视频推广平台有小红书、抖音、新片场、京东等，本活动以抖音为例展开。

活动实施

在抖音平台手机客户端进行产品短视频的上传与发布。

（1）新建抖音账号或使用已有抖音账号，进入抖音主页面，单击下方的"+"按钮，如图 2.4.1 所示。

（2）选择制作完成的短视频，如图 2.4.2 所示。

（3）单击"下一步"按钮上传短视频，如图 2.4.3 所示。

（4）编辑推广软文，然后单击"发布"按钮发布短视频，如图 2.4.4 所示。

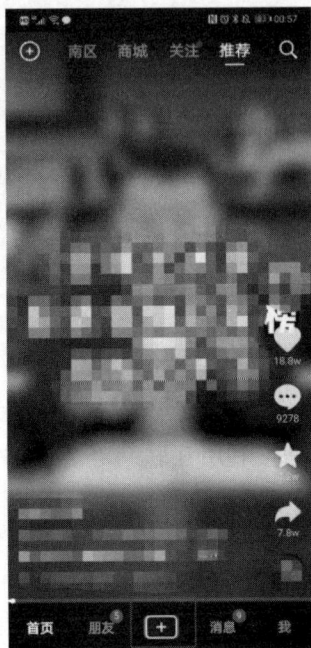

图 2.4.1　单击"＋"按钮

图 2.4.2　选择短视频

图 2.4.3　上传短视频

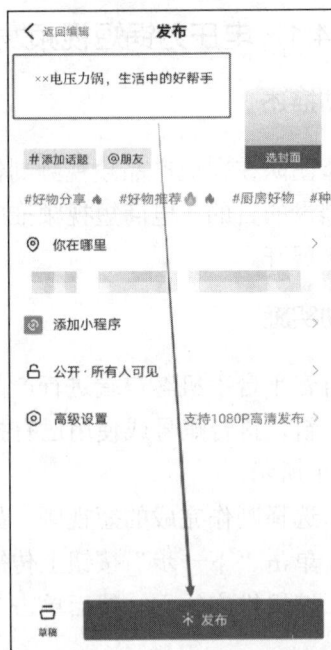

图 2.4.4　发布短视频

> **知识加油站**
>
> 　　注册抖音账号的方法比较简单，用户先在官网下载抖音 APP，然后直接通过手机号码、今日头条、腾讯 QQ、微信、微博等方式注册登录即可。其中，手机号码登录有两种方式：一种是本机号码一键登录，另一种是通过获取验证码的方式登录。
> 　　那么，如何才能在抖音平台上获得更好的推广效果呢？可以采取以下措施。
> 　　（1）想要在抖音上达到一个好的宣传效果，首先要对品牌有一个精准定位。比如受众消费者的年龄、习惯、喜好等，有针对性地设计短视频风格。
> 　　（2）要了解同行竞争力，即同行同类别产品在平台上是如何做宣传、运营、推广的，以及如何将热点话题融入短视频进行引流。这些都要充分调研，并且实时关注。
> 　　（3）通过大数据分析抖音上热门的在线时间段。比如用户的浏览时间一般是在晚饭后以及周末，那么，我们就要合理地运用这些时间来发布短视频，从而达到最好的宣传推广效果。
> 　　（4）对抖音账户进行 IP 设计和打造，做好引流方案。

活动小结

　　本活动中，小潘团队选择利用短视频平台将产品短视频进行发布。选择发布的短视频平台，要考虑平台受众面广、浏览量高等因素，这样才可快速扩大宣传力度，起到广而告之作用。

活动 2.4.2　电压力锅短视频推广

活动描述

　　在平台发布短视频后，需要进一步对其推广宣传。本次推广采用免费推广中的站内分享的方法，将电压力锅的短视频分享给抖音站内好友，然后时刻关注短视频的点赞率、评论率、转发率和收藏率。

活动实施

（1）首先用推广的抖音账号打开制作发布的短视频。
（2）单击短视频右下角的"分享"按钮，如图 2.4.5 所示。
（3）单击好友头像分享短视频给平台站内好友，如图 2.4.6 所示。
（4）单击"私信发送"按钮可将短视频分享给所选朋友，如图 2.4.7 所示。
（5）"分享到群聊"可以将视频分享到已经加入的抖音群，如图 2.4.8 所示。

图 2.4.5　视频分享

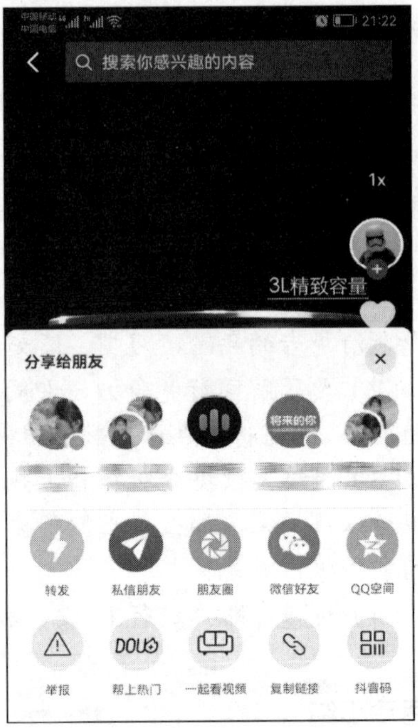

图 2.4.6　分享给抖音站内好友

图 2.4.7　"私信发送"按钮

图 2.4.8　将视频分享到群

活动小结

本活动介绍了免费推广中的站内分享方法。以电压力锅短视频为例，将短视频分享给好友，通过点赞量、关注量、评论量、转发率等指标的提升，以获得更多的官方精准推荐，赢得更大的曝光。

合 作 实 训

请你根据小潘团队的设计方法，利用 Pr 软件，结合实训所给素材，进行电饭锅短视频编辑，要求突出产品的实用性及食物的美味。制作完毕后，要对整个案例执行过程进行评价。具体要求如下。

（1）打开素材所在文件夹，完成产品的视频效果，如图 2.s.1 和图 2.s.2 所示。

（2）视频文案要与产品卖点相符合，文字排版方式要求美观、合理，字体颜色要求与主题相符，视频文件的输出格式为"电饭锅.mp4"。

（3）对整个案例执行过程进行评价，特别是对实训成果进行评价。评价主体包括实训本人、实训小组、指导教师及第三方，如表 2.s.1 所示。可以邀请"校中厂"的企业专业人员作为第三方参与评价。

图 2.s.1　电饭锅短视频效果图

图 2.s.2　电饭锅短视频镜头构图效果参考

表 2.s.1　视频作品评价表

评价项目	字幕设计与排版	音效效果设计	整体视频效果	职业素养
评价等级	A. 优秀 B. 合格 C. 不合格	A. 优秀 B. 合格 C. 不合格	A. 优秀 B. 合格 C. 不合格	A. 大有提升 B. 略有提升 C. 没有提升
自己评价				
小组评价				
教师评价				
第三方评价				
总评	修改建议			

说明：

1. 表格内按评价等级进行评价；

2. 请企业专业人员、客户等专业人士作为第三方参与评价；

3. 评为不合格的由指导教师注明原因及修改建议。

项目总结

　　通过本项目的学习，学习小组体会到如何进行产品短视频剪辑，以及进行分镜头拍摄时如何将食材制作过程精美呈现，以吸引客户注意，从而达到商业推广的效果。因此，商业短视频广告除了要设计美观外，还需考虑音效、字幕等的搭配、推广策略和目标客户的需求才能实现最优的广告效益。

项目 3 质 感 呈 现

✅ 项目概述

　　小莫和小杨是某职校数字媒体技术专业的学生，在某网络科技公司进行岗位实习。他们当前的工作任务是制作碳纤维吉他产品短视频项目，工作内容包括产品信息整理、分镜头脚本设计、碳纤维吉他短视频素材拍摄、碳纤维吉他短视频剪辑和碳纤维吉他短视频的推广。

　　本项目要求小莫和小杨根据产品特点以及客户的要求制作详细方案，并依照工作流程，全面诠解从脚本到产品推广各个流程。本项目主要是突出产品的质感呈现，让产品更有质感，彰显它的品质。同时，把剪辑后的短视频上传到视频平台和社群等进行推广。这样的产品短视频就是把配文、声音与视频通过设计手法、画面转场、声与像巧妙地结合在一起，从而有效地吸引用户的关注，以达到提高商品销售量和转换率的目的。

▶ 项目目标

　　※　**知识目标**

　　　　了解产品信息整理、分镜头脚本撰写的方法；

　　　　了解短视频素材拍摄的流程；

　　　　了解短视频推广的途径。

　　※　**能力目标**

　　　　学会撰写分镜头脚本；

　　　　掌握 Pr 软件中时间重映射、蒙版等工具的使用；

　　　　掌握使用 Lumetri 颜色特效对视频色彩进行调配的方法，以突出产品质感。

　　※　**素质目标**

　　　　培养学生良好的审美观和艺术欣赏能力；

　　　　提高学生团队合作探究的学习意识。

项目思维导图

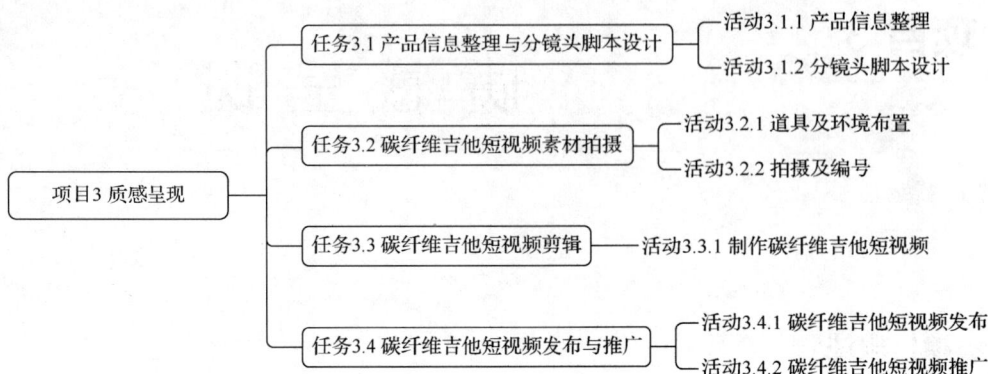

```
                        ┌─ 任务3.1 产品信息整理与分镜头脚本设计 ─┬─ 活动3.1.1 产品信息整理
                        │                                      └─ 活动3.1.2 分镜头脚本设计
                        │
                        ├─ 任务3.2 碳纤维吉他短视频素材拍摄 ─┬─ 活动3.2.1 道具及环境布置
  项目3 质感呈现 ────────┤                                   └─ 活动3.2.2 拍摄及编号
                        │
                        ├─ 任务3.3 碳纤维吉他短视频剪辑 ──── 活动3.3.1 制作碳纤维吉他短视频
                        │
                        └─ 任务3.4 碳纤维吉他短视频发布与推广 ─┬─ 活动3.4.1 碳纤维吉他短视频发布
                                                             └─ 活动3.4.2 碳纤维吉他短视频推广
```

任务 3.1 产品信息整理与分镜头脚本设计

本任务主要是为碳纤维吉他短视频的前期拍摄和后期剪辑做好信息收集和规划，分为两个活动：一个是需要向客户了解碳纤维吉他的产品信息，并按照客户提供的信息进行记录以及归类整理，完成产品信息整理表格的填写；另一个是以展示碳纤维吉他的质感特点及优势为出发点，进行碳纤维吉他短视频拍摄的分镜头脚本设计，完成分镜头脚本的撰写。

活动 3.1.1 产品信息整理

活动描述

在进行短视频拍摄前，全面了解和掌握产品的详细信息非常重要，本活动要求利用产品 FAB 分析表分析并整理产品信息。

活动实施

1. 获取碳纤维吉他样品

从客户处获取需要拍摄的碳纤维吉他样品，一般是快递邮寄或由客户直接送货到本工作室。本项目中是由客户直接送货到本工作室。收到客户的碳纤维吉他样品后，由工作室专人保管。公司各部门若要借用，需要做好借用登记。产品样品的日常维护由借用人负责，若因人为因素造成样品损坏或丢失的，由借用人全额赔偿。

2. 产品信息整理

获取碳纤维吉他样品后，查询产品说明书并与客户沟通了解产品详情。对照产品说明书和客户提供的产品信息，核对产品样品和信息的完整性，填写产品 FAB 分析表，如表 3.1.1 所示。利用 FAB 分析表对碳纤维吉他的构造、耐用性、外观特点和经济性等属性，从特征、优点和利益点三方面进行说明。

表 3.1.1　产品 FAB 分析表

属性	FAB		
	特征（feature）	优点（advantage）	利益点（benefit）
构造	采用碳纤维材质打造的一体成型吉他	轻便且弹奏出的原声音色清脆、洪亮	弹奏出的音色品质稳定
耐用性	无惧风雨严寒	使用范围广，不受场合和气候影响	外出旅行携带方便
外观特点	碳纤维打造	耐磨，质感好，类别多	可选范围大
经济性	采用进口琴枕、T700 耐磨指板（带夜光指示）、DOUBLE OS1（带蓝牙）、伊利克斯 16052 琴弦和子弹头品丝打造	价格适中	利用最适合的价钱买到最优质的产品

说明：

特征（feature）指的是产品具备的独特性能、材料、设计、颜色、使用方法等；

优点（advantage）指的是此产品与其他产品进行对比存在的优势；

利益点（benefit）指的是顾客通过购买和使用此产品能够获得的利益和好处。

属性包括构造、性能、作用、耐用性、外观优点、经济性等，可自行根据产品进行增减。

活动小结

本活动通过研究碳纤维吉他样品、与客户了解产品信息和查看产品说明书，使大家学会如何填写产品 FAB 分析表，本活动详细地记录了碳纤维吉他的构造、耐用性、外观特点、经济性等属性的特征、优点和利益点，分析全面和实用，为分镜头脚本的设计奠定了基础。

活动 3.1.2　分镜头脚本设计

活动描述

分镜头脚本设计是创作短视频必不可少的前期准备，是前期拍摄的脚本，也是后期制作的依据。本活动主要是学习碳纤维吉他产品的相关信息和分析同类产品的短视频案例，以形成拍摄文案，结合客户的要求设计并撰写分镜头脚本。

活动实施

1．产品学习，形成拍摄文案

有效地宣传产品可以引起消费者的购买欲望，从而促进商品的销售与流通。

　　首先，集中碳纤维吉他产品短视频制作项目的参与人，对照产品安装说明书和使用说明书等资料，共同使用吉他样品并进行学习，在使用的过程中理解客户的要求及客户的表达要点。

　　其次，搜集电商平台上与碳纤维吉他相关的产品案例，例如参考淘宝、京东、拼多多等电商平台上同类型产品的短视频，学习该类产品短视频的拍摄要点、卖点表达方式、道具、场景要求、模特展示等，并深度提炼出碳纤维吉他的卖点，然后结合创意想法，整理成初步的拍摄文案要点。需要注意的是，文案要与产品相符，要能完整地将品牌形象、产品功能阐述出来。

　　最后，与客户共享拍摄文案要点，并交流拍摄表达方式、拍摄分镜头要点，结合客户的需求和修改意见，形成拍摄文案，如表 3.1.2 所示。

表 3.1.2　产品拍摄文案

产品名称	碳纤维吉他		联系人	××吉他人事部经理
项目负责团队	小莫团队			
产品卖点	1. 三种酷炫外观（经典黑、锻造红、锻造黑），外观个性化； 2. 材质为全碳纤维，便携轻巧； 3. 独特表面纹理，造型、外观个性化； 4. 采用 T700 耐磨指板，且带夜光指示； 5. 搭载 DOUBLE OS1，且带蓝牙； 6. 采用 TUSQ 加拿大进口琴枕，不易损坏、传导性好、弦距合适； 7. 琴弦采用伊利克斯 16052，音色好、弹奏感佳； 8. 采用子弹头品丝，手感更加舒适； 9. 采用优质碳纤维材料打造，不畏风雨严寒			
特别说明	拍摄过程中，结合镜头运镜，利用灯棒在碳纤维吉他产品上进行扫光，拍摄出该产品各个组成部分的特写镜头，然后配上适当的文字说明，最大限度地呈现碳纤维吉他的质感			

2. 分镜头细分流程

　　分镜头是指将拍摄文案图解化，用来描述拍摄文案的内容，方便观察和理解。将连续画面以一次运镜为单位进行分解，并且标注运镜方式、时长、对白、特效等。分镜头细分了拍摄流程，包括镜头号、参考画面、场景、景别、镜头方式、角度、内容、文案/台词、时长和准备工作等。

3. 撰写分镜头脚本

　　制作团队通过细化分镜头脚本，初步形成拍摄镜头内容。脚本内容需根据拍摄文案而定，文案思路要正确，否则会影响整个产品短视频想要表达的思想。碳纤维吉他产品的分镜头脚本的撰写如表 3.1.3 所示。

表 3.1.3 碳纤维吉他短视频拍摄分镜头脚本

镜头号	场景	景别	镜头方式	角度	内容	文案/台词	时长	准备工作/备注
				拍摄团队：小莫团队				
1	棚景	全景	固定	平视	锻造红外观吉他旋转展示		5s	使用电动转盘
2	棚景	全景	固定	平视	锻造黑外观吉他旋转展示		5s	使用电动转盘
3	棚景	全景	固定	平视	经典黑外观吉他旋转展示		5s	使用电动转盘
4	棚景	中景	固定	平视	旋转展示吉他琴身，结合灯光扫射拍出质感	BALCK BAT CARBON FIBER MUSIC	10s	使用灯棒扫射
5	棚景	特写	固定	平视	结合灯光扫射，展示斜纹全碳纤琴箱	高强度3K斜纹全碳纤	3s	
6	棚景	特写	固定	平视	结合灯光扫射，展示锻造纹全碳纤琴箱	高强度锻造纹全碳纤面板	3s	
7	棚景	特写	固定	平视	结合灯光扫射，展示个性红琴箱	特别个性红丝琴箱	4s	
8	棚景	特写	固定	平视	旋转展示吉他的指板和琴弦	1.搭配超强 T700 耐磨指板 2.真正全碳纤维 3.伊利克斯 16052 磷铜	6s	
9	棚景	中景	运动：从右到左	平视	在全黑环境下，拍摄夜光指示灯	带夜光指示	4s	
10	棚景	特写	固定	俯视	结合灯光扫射，展示琴箱独特表面	独特表面纹理	2s	
11	棚景	特写	固定	俯视	结合灯光扫射，展示吉他琴枕	TUSQ 加拿大进口琴枕	3s	
12	棚景	特写	固定	平视	结合灯光扫射，旋转展示吉他品丝	子弹头品丝	2s	
13	棚景	特写	固定	平视	结合扫光，展示琴身，呈现出里面的黑蝙蝠 logo		4s	
14	棚景	特写	固定	平视	结合灯光扫射，展示吉他蓝牙部件	DOUBLE 0S1 带蓝牙	2s	
15	棚景	特写	固定	仰视	展示喷洒水雾后水流淌在吉他黑碳纤维经典琴头上	无惧风雨严寒	2s	使用喷水壶

续表

镜头号	场景	景别	镜头方式	角度	内容	文案/台词	时长	准备工作/备注
16	棚景	特写	固定	俯视	展示水流淌在吉他指板上		10s	使用喷水壶
17	棚景	特写	固定	仰视	展示水流淌在吉他红色琴头上	DERJUNG 台产 1:22 镀铬	4s	使用喷水壶
18	棚景	特写	固定	平视	展示水流淌在碳纤维部件上		2s	使用喷水壶
19	棚景	特写	固定	平视	展示水流淌在吉他琴箱上		4s	使用喷水壶
20	棚景	全景	固定	平视	结合灯光扫射，拍摄黑碳纤维经典吉他	尽情带它去旅行吧	3s	
21	棚景	全景	固定	平视	结合灯光扫射，拍摄锻造黑吉他	Just enjoy your camping together with our Black Bat!	3s	

说明：

场景是指棚景或者实景；

景别是指远景、全景、中景、近景或特写；

镜头方式是指固定镜头或运动镜头；

角度是指平视、俯视或仰视。

4. 拍摄小组审核拍摄文案和分镜头脚本

拍摄文案和分镜头脚本必须由拍摄小组审核，核查拍摄的可操作性。只有拍摄小组审核通过后，才能成为初步拍摄文案和分镜头脚本。

活动小结

本活动通过产品学习，形成了初步拍摄文案，根据文案撰写了碳纤维吉他产品短视频拍摄的分镜头脚本，交由拍摄小组审核通过，这为后续碳纤维吉他短视频素材的拍摄和剪辑奠定了基础。

任务 3.2 碳纤维吉他短视频素材拍摄

本任务通过两个活动来完成碳纤维吉他产品短视频素材的拍摄：一个是道具及环境布置，另一个是拍摄及编号。本任务要求素材能充分展示碳纤维吉他产品的质感优势和特点，突出卖点，方便后期剪辑。

活动 3.2.1　道具及环境布置

🎬 活动描述

在开始短视频的拍摄之前，本活动要求按照文案和分镜头脚本准备相关道具及布置拍摄环境，以便保质保量完成素材的拍摄。

🎬 活动实施

1．准备道具

拍摄团队应根据分镜头脚本准备道具，包括单反相机、三脚架、灯光、灯棒、黑色背景布、喷水壶、碳纤维吉他样品、吉他架、电动转盘及实物展台等。

2．布置拍摄环境

碳纤维吉他产品短视频的拍摄场景定在室内摄影棚完成，拍摄环境的布置主要包括背景搭建、布光、实物展台布置和摄像设备调试。

首先，使用大面积、无褶皱的黑色背景布搭建拍摄背景。

其次，使用两个常亮摄影灯作为主光和辅光，并准备好 1 支灯棒。

再次，使用吉他架架起碳纤维吉他后，将它们放置在实物展台上，并准备好电动转盘。

最后，依照拍摄环境进行摄像设备调试，将单反相机架在三脚架上，调试好拍摄参数，并连接显示器以实时显示拍摄画面。

布置好的拍摄环境如图 3.2.1 所示。

图 3.2.1　布置好的拍摄环境

活动小结

本活动依据拍摄文案和分镜头脚本，学习如何准备碳纤维吉他产品短视频拍摄需要使用的道具并布置了拍摄环境，为素材拍摄做好了前期准备工作。

活动 3.2.2 拍摄及编号

活动描述

本活动主要依照分镜头脚本进行素材拍摄，通过拍摄反映商品的形状、结构、性能、色彩以及用途等，从而吸引顾客注意并产生购买欲。然后对所拍摄素材进行整理并编号，为后期的短视频剪辑制作做好准备。

活动实施

1．沟通拍摄思路

拍摄小组人员应提前与团队沟通，确认并了解整个短视频拍摄的思路，整理出可同一时间拍摄的镜头，安排好拍摄流程，以节约素材拍摄时间，提高效率。

2．素材拍摄

按照分镜头脚本进行碳纤维吉他短视频素材的拍摄，如图 3.2.2 所示。

图 3.2.2　素材拍摄

3．为素材编号

拍摄完毕后，对素材进行编号，如图 3.2.3 所示。

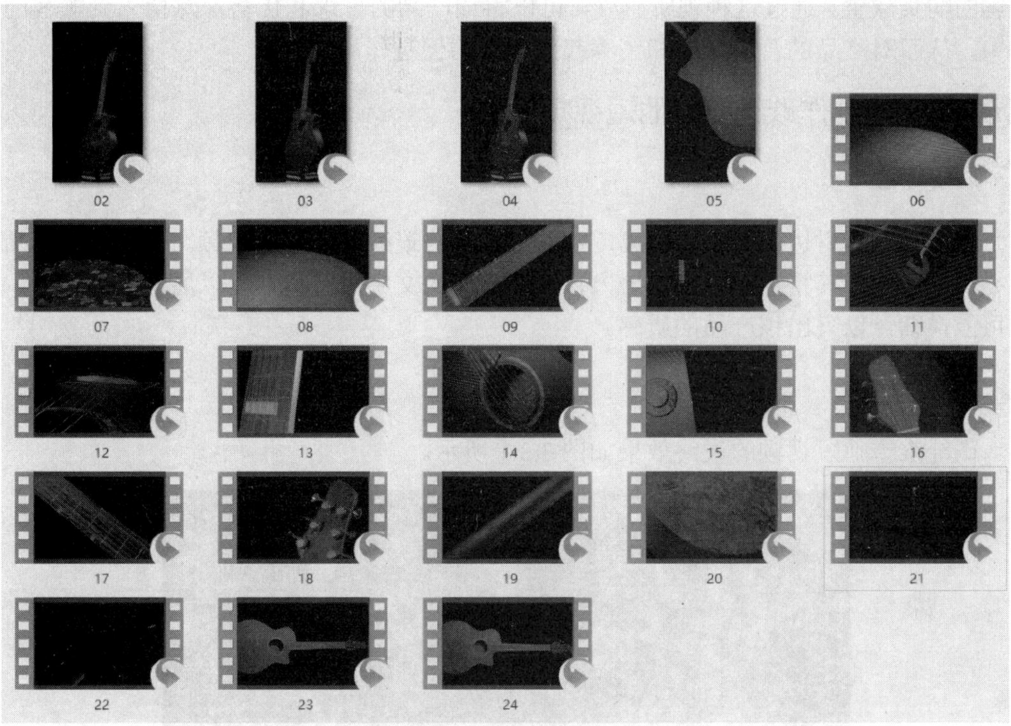

图 3.2.3 对拍摄好的素材进行编号

小提示 ▶

在本活动中，可能会出现团队成员协作分工不清的情况。因此，在拍摄前要提前沟通并制定拍摄计划，以提高协作效率，提高团队合作探究的意识。

🎥 **活动小结**

本活动通过沟通、交流，按照分镜头脚本进行了素材拍摄，拍摄完毕后对素材进行了编号，这将在一定程度上提高后期短视频剪辑的效率。

任务 3.3 碳纤维吉他短视频剪辑

本任务是通过短视频的方式展示碳纤维吉他的卖点。视频拍摄和后期制作从碳纤维吉他的特点着手，以展示其特点及优势为出发点，实现最大限度的销售。视频背景设计为纯黑色，简洁大方，配上合适的文案和视频内容，突出产品卖点。通过镜头语言、文案和后期包装，不仅全面反映碳纤维吉他的质感和核心技术，同时画面的美感更能刺激顾客的购买欲望。通过这种视听感受，可以将该产品的理念和优势深深植入到顾客的脑海中，从而对产品的营销推广和销售起到极大的促进作用。

活动 3.3.1　制作碳纤维吉他短视频

活动描述

本活动对素材进行剪辑、合成，生成有质感的碳纤维吉他短视频。要求在该产品的核心卖点和展示其特点及优点的地方，使用适当的文字进行标注，以展示产品细节，应尽可能详细，以突出该产品的质感。

活动实施

碳纤维吉他短视频的最终效果如图 3.3.1 所示。

图 3.3.1　最终效果

（1）启动 Pr 软件，新建项目并将其命名为"碳纤维吉他短视频"，然后在"项目"面板中导入"素材\项目 3\任务 3\素材"文件夹下的素材；接着新建"1920×1080, 30fps"的序列并命名为"序列 01"，如图 3.3.2 所示，用来制作展示三种外观的碳纤维吉他视频片段。

（2）将视频素材"02.mp4"、"03.mp4"和"04.mp4"分别拖入"序列 01"的 V1、V2 和 V3 视频轨道，并修改相关属性。其中，设置素材"02.mp4"的"位置"为（340，540）、"缩放"为 68；设置素材"03.mp4"的"位置"为（960，540）、"缩放"为 68；设置素材"04.mp4"的"位置"为（1550，540）、"缩放"为 68、"旋转"为-1°。然后，在"项目"面板中新建一个调整图层并将该调整图层拖入"序列 01"的 V4 视频轨道，接着在"Lumetri 颜色"面板中调整其"曝光"为 0.5、"对比度"为 100、"高光"为-15、"阴影"为-16，如图 3.3.3 所示。

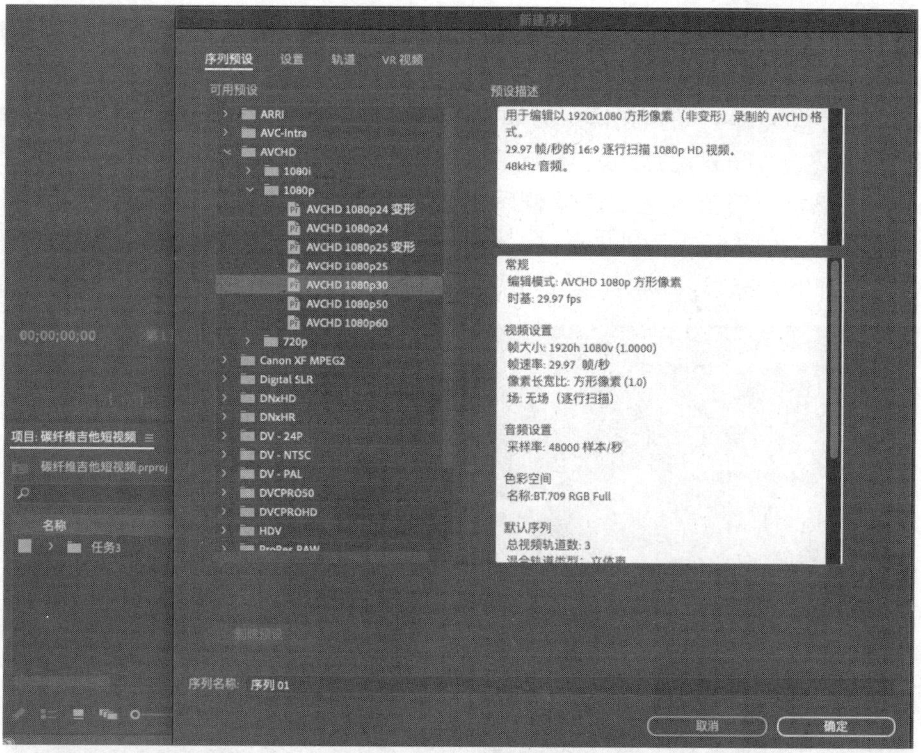

图 3.3.2　新建项目与序列

图 3.3.3　"序列 01"的参数设置

（3）新建"1920×1080，30fps"的序列并命名为"序列 02"，用来制作展示碳纤维吉他琴身质感的视频片段。

选取素材"05.mp4"的 00:14～05:08 视频片段，拖至"序列 02"的 V1 视频轨道，设置其"位置"为（637，755）、"旋转"为 100°，添加"垂直翻转"特效，然后按照图 3.3.4 调整该素材的播放速度，调整后实现 00:08～00:28 时间段的播放速度提升至290%，并设置缓入缓出。复制此素材，粘贴至"序列 02"的 V2 视频轨道上，设置其"位置"为（1308，351），"混合模式"为"变亮"，并添加"水平翻转"特效。

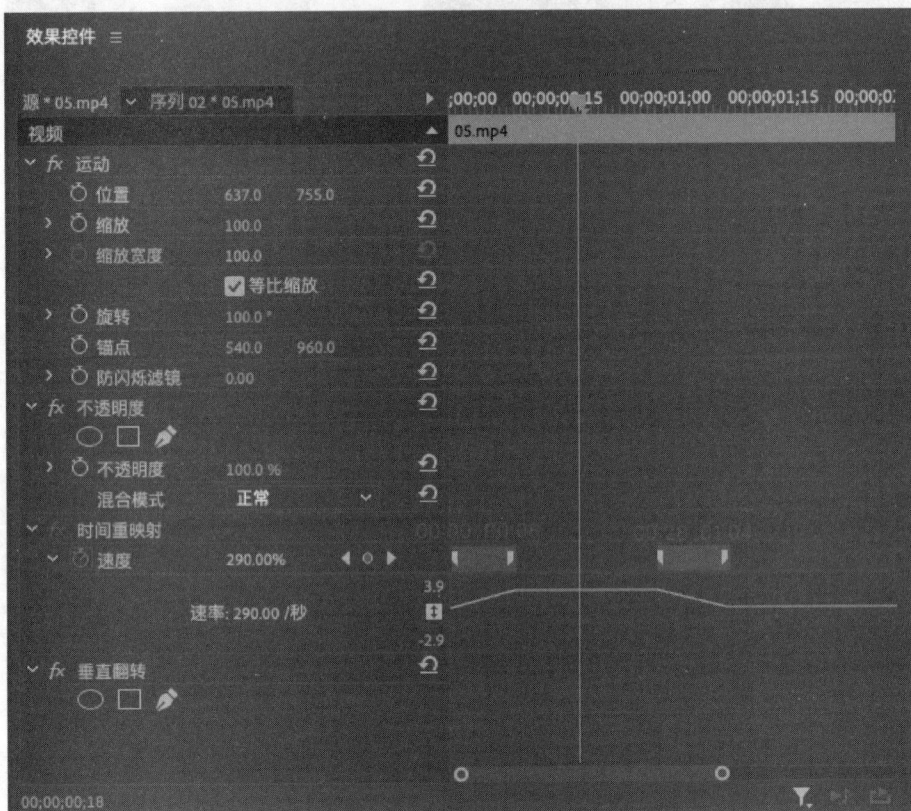

图 3.3.4　素材"05.mp4"的属性设置（一）

选取素材"05.mp4"的 05:09～08:10 视频片段，拖至"序列 02"的 V1 视频轨道的 03:00～05:21 时间段上，并在此片段前添加持续时间为 12 帧的"交叉溶解"视频过渡效果，设置其"位置"为（1345，744）、"旋转"为 65°、叠加模式为"变亮"，并按照图 3.3.5 调整该素材的播放速度，调整后实现 03:00～03:05 时间段的播放速度提升至 350%。复制此片段，粘贴至"序列 02"的 V2 视频轨道对应的时间段上，设置其"位置"为（580，319）、"混合模式"为"变亮"，并添加"水平翻转"和"垂直翻转"特效。

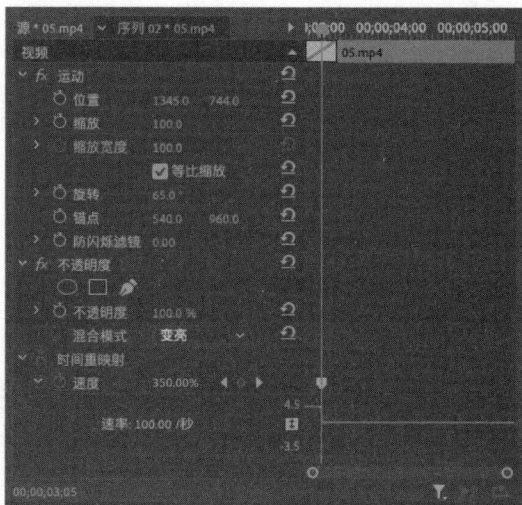

图 3.3.5　素材"05.mp4"的属性设置（二）

　　将调整图层拖至"序列 02"的 V3 视频轨道，并调整其长度为 5 秒 21 帧，接着在"Lumetri 颜色"面板中调整"曝光"为 2.4、"对比度"为 100、"高光"为-100、"阴影"为-16、"饱和度"为 0，如图 3.3.6 所示。

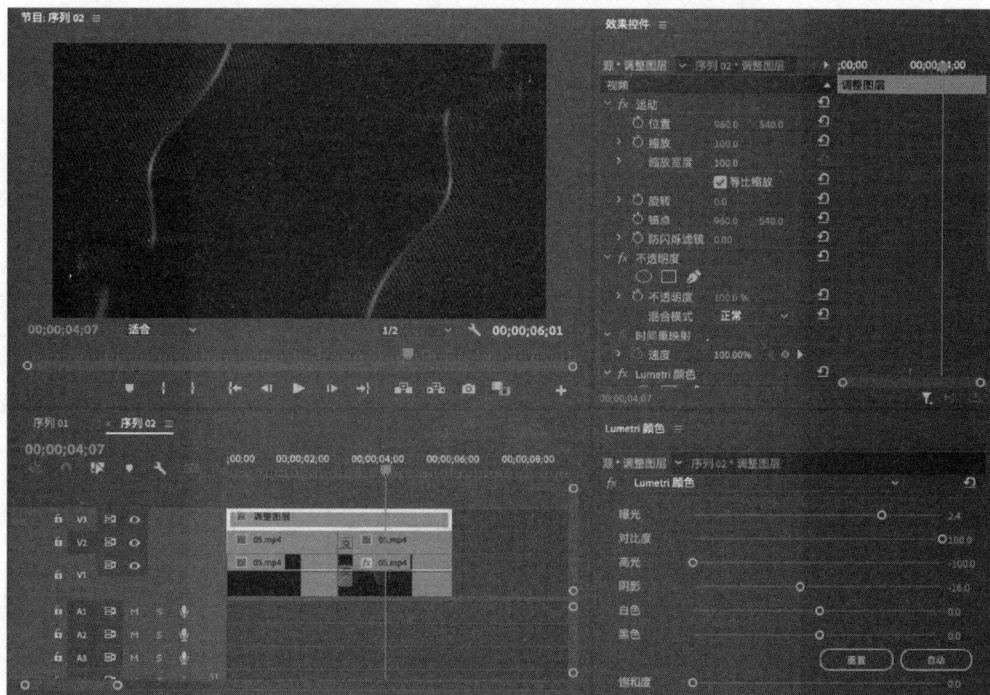

图 3.3.6　调整图层的属性设置

时间重映射可以对整个或部分图层进行作用，以创建多种不同的效果，包括延长、压缩、回放或冻结图层的持续时间。操作时可使用以下快捷方式实现对应的效果：

- ➤ 按住鼠标左键直接拖动关键帧：调整变速平滑度。
- ➤ Alt+鼠标拖动关键帧：移动关键帧位置，调整区间。
- ➤ Ctrl+鼠标拖动关键帧：倒放。
- ➤ Ctrl+Alt+鼠标拖动关键帧：静止。

（4）新建"1920×1080，30fps"的序列并命名为"序列 03"，用来制作展示碳纤维吉他不同材质面板和琴箱的视频片段。

选取素材"06.mp4"的 00:00～01:26 视频片段，拖至"序列 03"的 V1 视频轨道上，并在该片段前添加持续时间为 12 帧的"交叉溶解"视频过渡效果，设置其"速度/持续时间"为 02:14，选中"倒放速度"复选框；设置其"位置"为（980，53）、"缩放"为130、"锚点"为（700，−8）；为其旋转属性制作关键帧动画，在时间点 00:00 处设置其"旋转"为 10°，在时间点 02:14 处设置其"旋转"为 0°；在"Lumetri 颜色"面板中调整其"对比度"为 32.2、"高光"为−100、"饱和度"为 0，如图 3.3.7 所示。

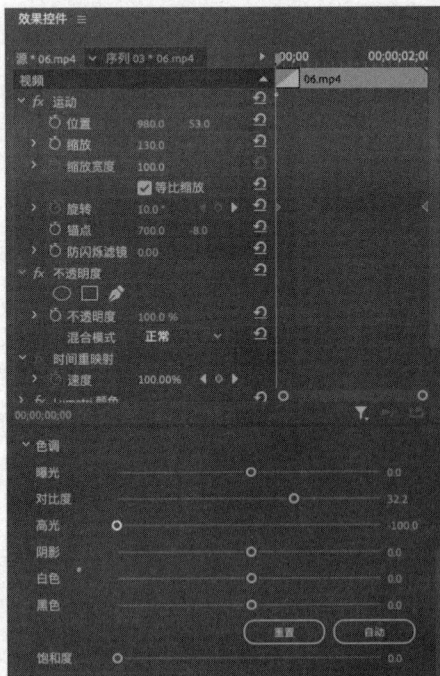

图 3.3.7　素材"06.mp4"的属性设置

　　将素材"07.mp4"拖至"序列03"V1视频轨道的02:14～04:20时间段上，为其缩放属性制作放大动画，在时间点02:14处设置"缩放"为130，在时间点04:20处设置"缩放"为170；为其旋转属性制作关键帧动画，在时间点02:14处设置其"旋转"为-8°，在时间点04:20处设置其"旋转"为8°；在"Lumetri 颜色"面板中调整其"曝光"为1.6、"对比度"为15.8、"饱和度"为0，如图3.3.8所示。

　　选取素材"08.mp4"的00:10～03:02视频片段，拖至"序列03"V2视频轨道的03:21～06:14时间段上，在"Lumetri 颜色"面板中调整其"曝光"为0.8、"对比度"为81.9、"高光"为-56.6、"饱和度"为121.7，如图3.3.9所示。

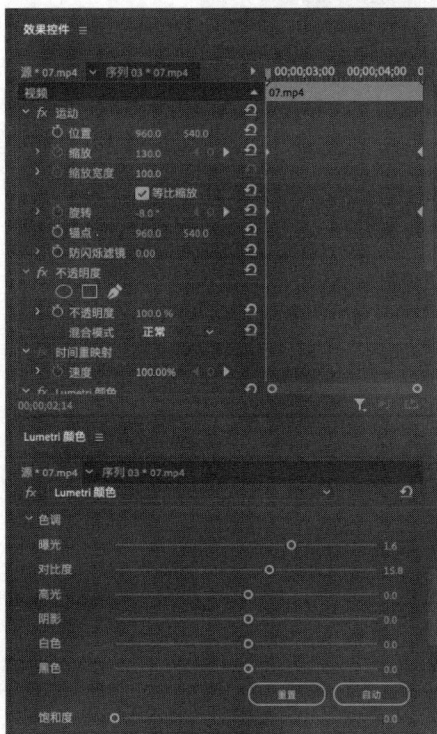

图 3.3.8　素材"07.mp4"的属性设置　　图 3.3.9　素材"08.mp4"的"Lumetri 颜色"特效参数设置

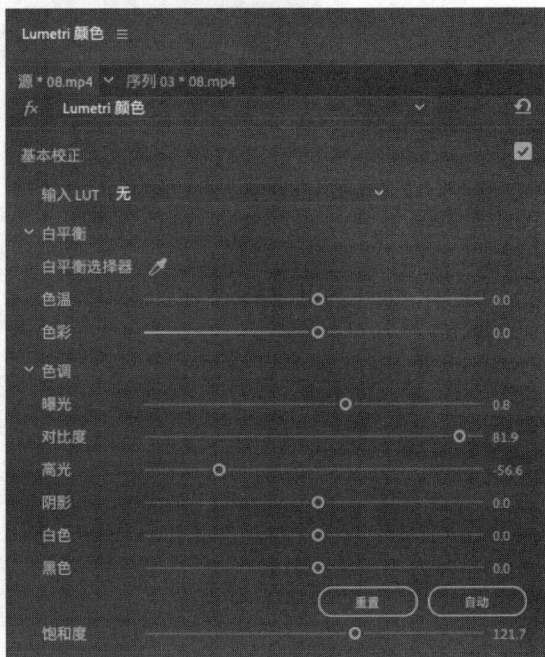

　　（5）新建"1920×1080，30fps"的序列并命名为"序列04"，用来制作展示碳纤维吉他指板细节的视频片段。

　　选取素材"09.mp4"的00:19～04:26视频片段，拖至"序列04"的V1视频轨道上，在片段尾部添加持续时间为12帧的"交叉溶解"视频过渡效果，然后按照图3.3.10调整该素材的播放速度，调整后实现00:14～01:05时间段的播放速度提升至335%；并在"Lumetri 颜色"面板中调整其"对比度"为82.2、"阴影"为-15.1，"白色"为19.1、"黑色"为-17.8。

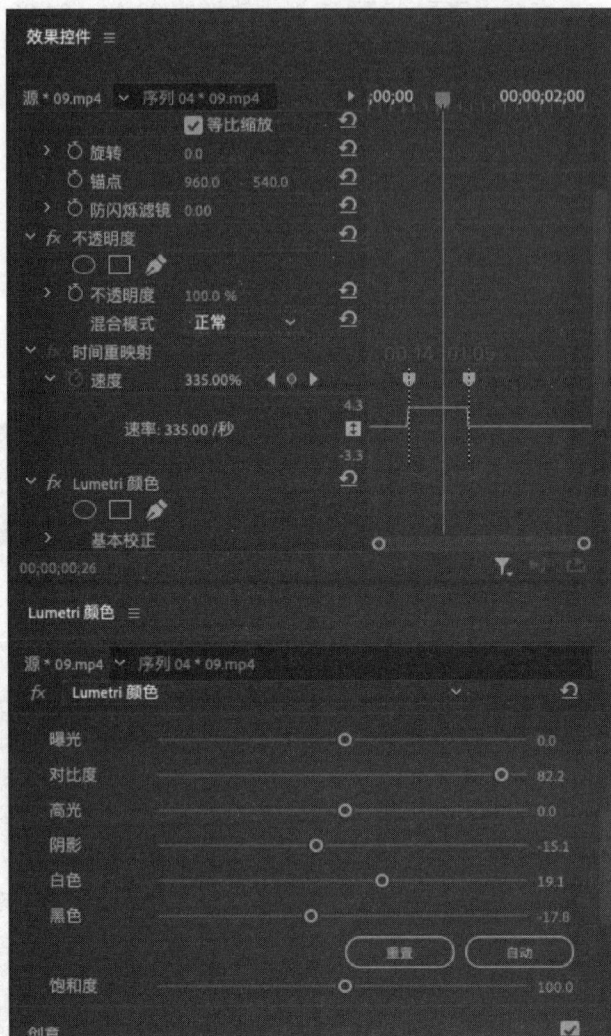

图 3.3.10　素材 "09.mp4" 的属性设置

选取素材 "10.mp4" 的 00:00～02:18 视频片段，拖至 "序列 04" 的 V2 视频轨道上，设置其 "位置" 为（410，590）、"旋转" 为 90°；为其缩放属性制作关键帧动画，在时间点 00:00 处设置其 "缩放" 为 150，在时间点 02:18 处设置其 "缩放" 为 110；绘制如图 3.3.11 所示的图层蒙版，并在 "Lumetri 颜色" 面板中调整其 "对比度" 为-100。复制 "序列 04" V2 视频轨道上的 "10.mp4" 视频片段，粘贴到 "序列 04" 的 V3 视频轨道上，设置其 "位置" 为（1811，610），并为其添加 "水平翻转" 特效。

图 3.3.11　素材"10.mp4"的属性设置

　　选中"序列 04"V2 和 V3 视频轨道上的素材，右击，选择"嵌套"命令，默认命名为"嵌套序列 01"。选中"嵌套序列 01"，在其尾部添加持续时间为 12 帧的"交叉溶解"视频过渡效果，设置其"混合模式"为"滤色"；为其"旋转"属性制作关键帧动画，在时间点 00:00 处设置其"旋转"为-10°，在时间点 02:18 处设置其"旋转"为 40°；并在"Lumetri 颜色"面板中调整其"对比度"为 37.5，如图 3.3.12 所示。

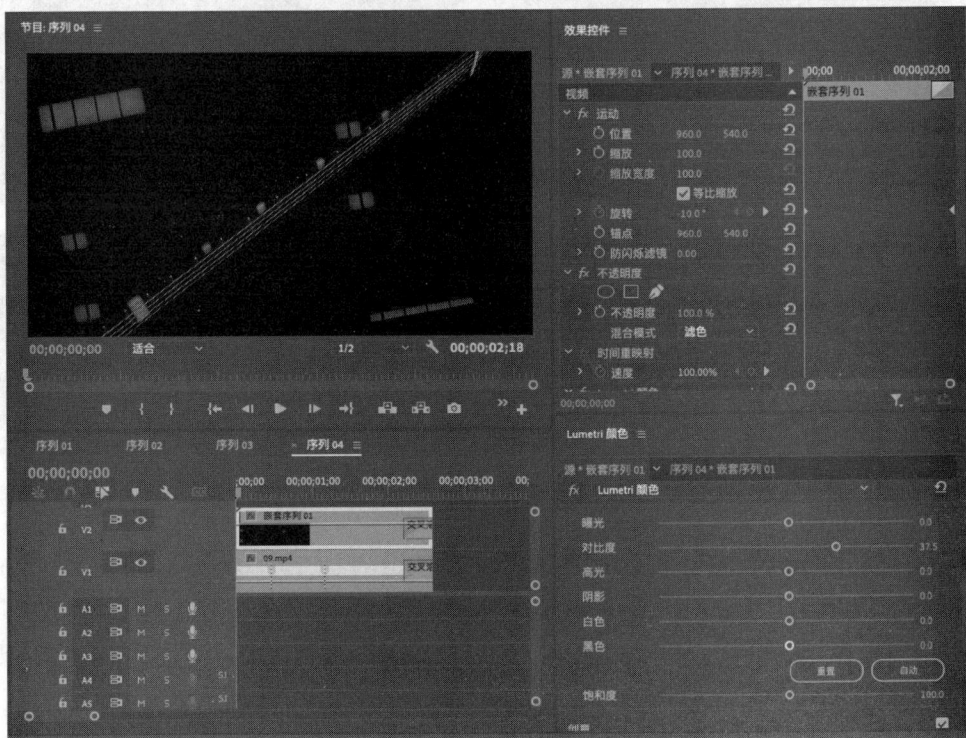

图 3.3.12　"嵌套序列 01"的参数设置

（6）新建"1920×1080，30fps"的序列并命名为"序列 05"，用来制作展示碳纤维吉他外观与材质的视频片段。

将素材"11.mp4"拖至"序列05"的 V1 视频轨道上，为其缩放属性制作关键帧动画，在时间点 00:00 处设置其"缩放"为 154.8，在时间点 02:25 处设置其"缩放"为 150；为其旋转属性制作关键帧动画，在时间点 00:00 处设置其"旋转"为-4°，在时间点 02:25 处设置其"旋转"为 10°；在"Lumetri 颜色"面板中调整其"曝光"为 0.8、"对比度"为 62.5、"饱和度"为 161.2，如图 3.3.13 所示。

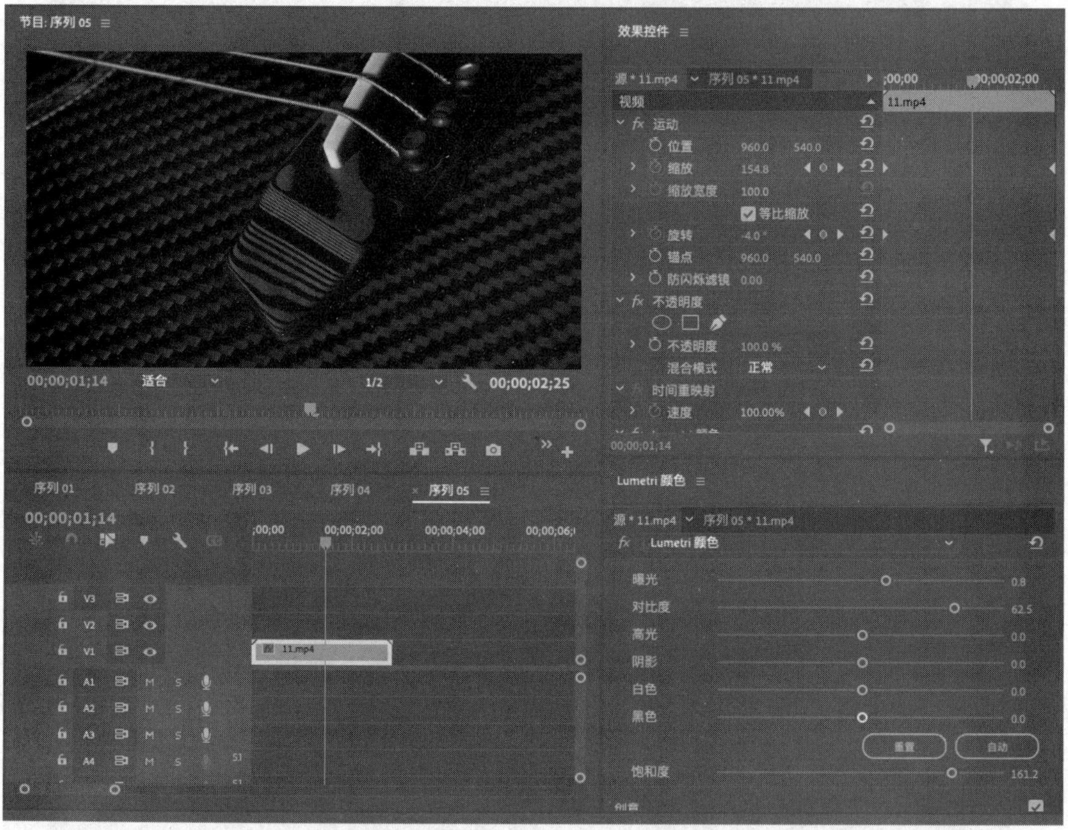

图 3.3.13 素材"11.mp4"的属性设置

将素材"12.mp4"拖至"序列05"V1 视频轨道的 02:25～05:26 时间段上，设置其"缩放"为 170，在"Lumetri 颜色"面板中调整其"曝光"为 1.3、"对比度"为 65.1、"饱和度"为 162.5。并在素材"11.mp4"和"12.mp4"的连接处，添加"VR 色度泄漏"过渡效果。

选取素材"12.mp4"的 03:22～06:17 视频片段，拖至"序列05"V1 视频轨道的 05:26～08:22 时间段上，设置其"位置"为（519，448）、"旋转"为-27°，并在"Lumetri

颜色"面板中调整其"色温"为 15.4。复制该素材，粘贴至"序列 05"V2 和 V3 视频轨道的 05:26～08:22 时间段上。修改"序列 05"V2 视频轨道上"09.mp4"素材的相关属性，设置其"位置"为（1760，1107）、"旋转"为 15°、"不透明度"为 30%。修改"序列 05"V3 视频轨道上"09.mp4"素材的相关属性，设置"位置"为（1784，120）、"缩放"为 90、"旋转"为-110°、"不透明度"为 60%、"混合模式"为"变亮"。整体效果如图 3.3.14 所示。

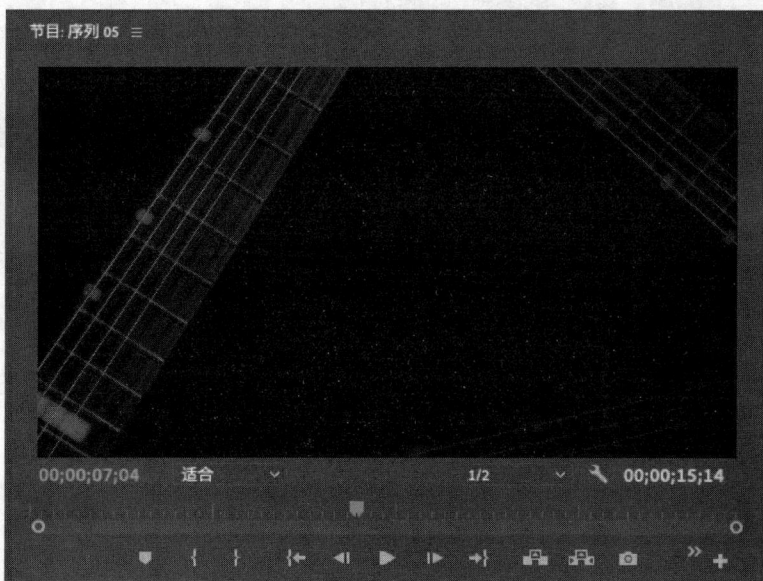

图 3.3.14 吉他弦和指板的展示效果

将素材"13.mp4"拖至"序列 05"V1 视频轨道的 08:22～11:12 时间段上，添加"水平翻转"特效，设置其"位置"为（697，628）、"缩放"为 194、"旋转"为 15°，并在"Lumetri 颜色"面板中调整其"对比度"为 81.4、"饱和度"为 200。然后按照图 3.3.15 所示绘制图层蒙版，设置"蒙版羽化"值为 200。

将素材"14.mp4"拖至"序列 05"V1 视频轨道的 11:12～15:14 时间段上，为其缩放属性制作关键帧动画，在时间点 11:12 处设置其"缩放"为 100，在时间点 15:14 处设置其"缩放"为 110；为其旋转属性制作关键帧动画，在时间点 11:12 处设置其"旋转"为 0，在时间点 15:14 处设置其"旋转"为 3°；在"Lumetri 颜色"面板中调整其"曝光"为 0.3、"对比度"为 93.4、"阴影"为-27.6、"饱和度"为 118.4；在素材"13.mp4"和"14.mp4"的连接处，添加"交叉溶解"过渡效果，如图 3.3.16 所示。

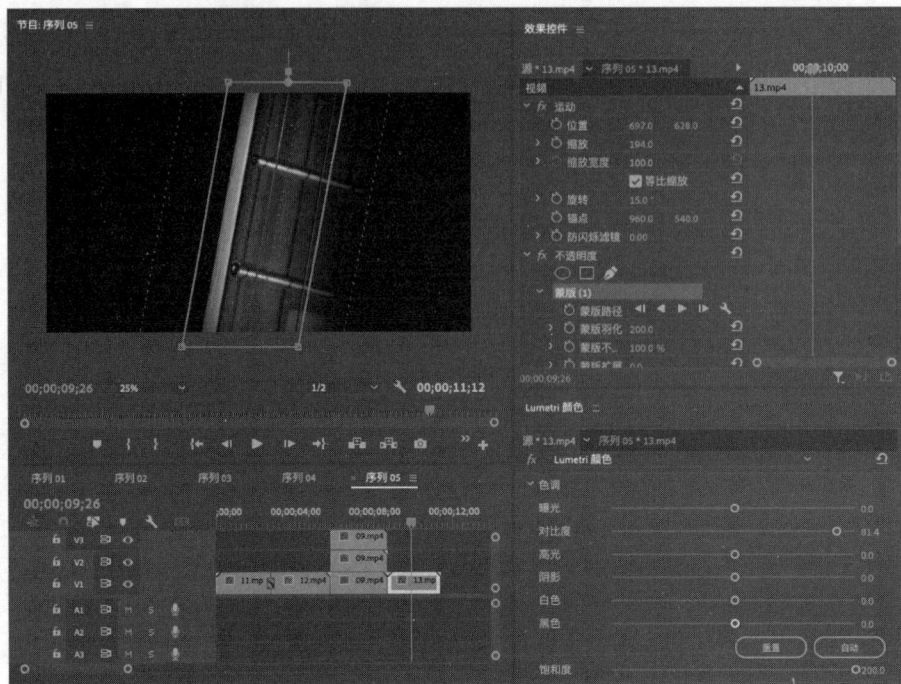

图 3.3.15　素材"13.mp4"的属性设置

图 3.3.16　素材"14.mp4"的属性设置

（7）新建"1920×1080，30fps"的序列并命名为"序列 06"，用来制作展示碳纤维吉他蓝牙功能的视频片段。

将素材"15.mp4"拖至"序列 06"的 V1 视频轨道上，在"Lumetri 颜色"面板中调整其"曝光"为 1.4、"对比度"为 42.1。然后按照图 3.3.17 所示制作图层蒙版动画，为"蒙版路径"属性添加关键帧动画，动态地修改蒙版路径以遮掉多余的画面。

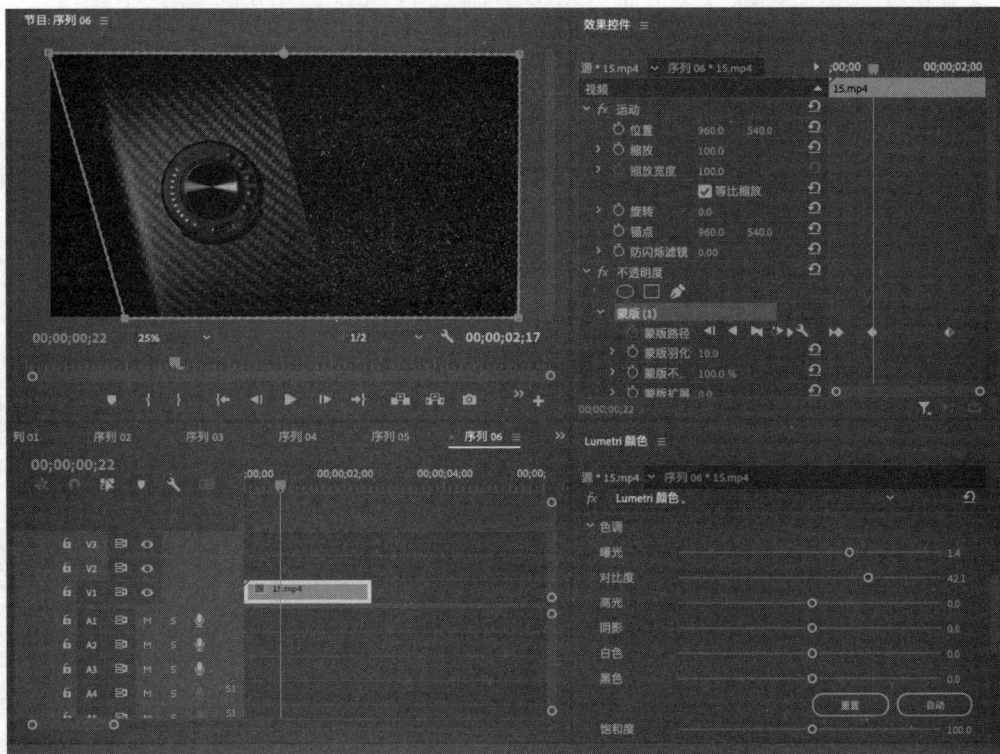

图 3.3.17 为素材"15.mp4"制作图层蒙版

知识加油站

不透明度蒙版可以利用椭圆、矩形、钢笔三种方式创建，可通过节点调节蒙版路径的大小。如果需要制作动态的蒙版，只需在"蒙版路径"上添加关键帧，然后根据需要修改蒙版路径（形状）即可。

（8）新建"1920×1080，30fps"的序列并命名为"序列 07"，用来制作展示碳纤维吉他防水和不畏严寒特性的视频片段。

将素材"16.mp4"拖至"序列 07"的 V1 视频轨道上，为其缩放属性制作关键帧动画，在时间点 00:00 处设置其"缩放"为 170，在时间点 02:18 处设置其"缩放"为 110；

为其旋转属性制作关键帧动画，在时间点 00:00 处设置其"旋转"为 35°，在时间点 02:18 处设置其"旋转"为 0；在"Lumetri 颜色"面板中调整其"对比度"为 100。

复制"序列 07"V1 视频轨道上的素材"16.mp4"，粘贴至"序列 07"的 V2 视频轨道上，设置"混合模式"为"变亮"。

选中"序列 07"V1 视频轨道上的素材"16.mp4"，右击，在弹出的菜单中选择"嵌套"命令，新序列默认命名为"嵌套序列 02"，修改"嵌套序列 02"的"位置"为（1740，−70）、"缩放"为 170、"旋转"为−47°、"不透明度"为 10%，如图 3.3.18 所示。

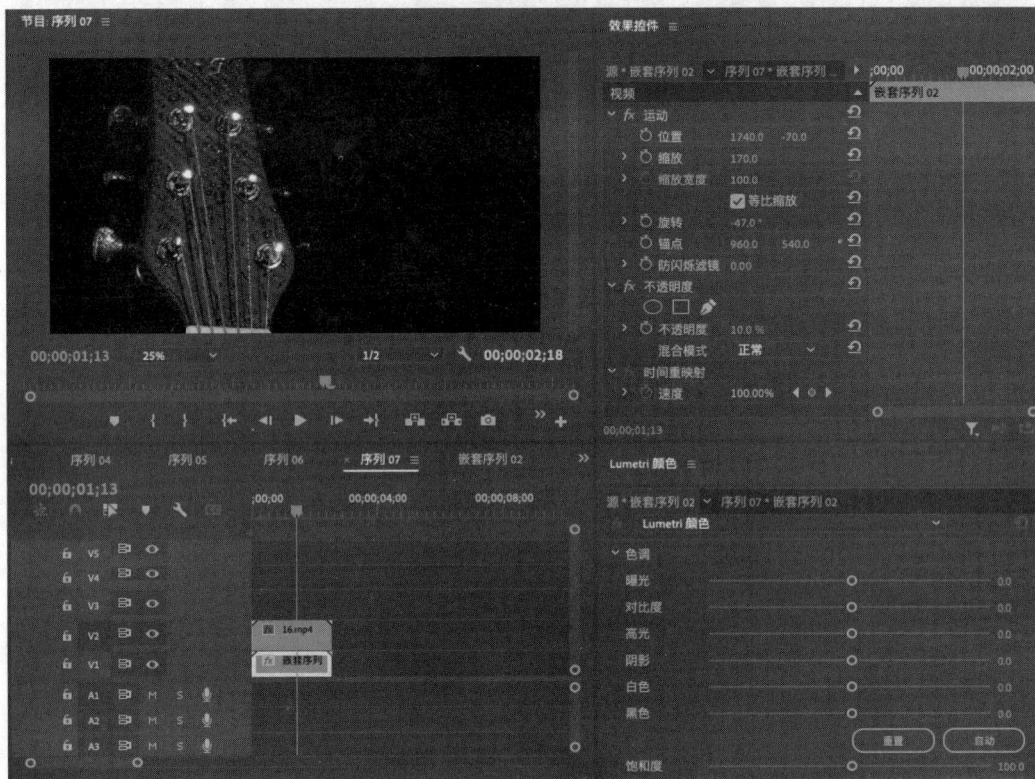

图 3.3.18 "嵌套序列 02"的参数设置

选取素材"17.mp4"的 00:00～05:22 视频片段，拖至"序列 07"V1 视频轨道的 02:18～05:17 时间段上，按照图 3.3.19 所示调整该素材的播放速度，调整后实现 02:29～03:14、05:09～05:17 两个时间段的视频播放速度提升至 440%；然后为其缩放属性制作关键帧动画，在时间点 02:18 处设置其"缩放"为 100，在时间点 02:29 处设置其"缩放"为 210，在时间点 05:09 处设置其"缩放"为 110；在"Lumetri 颜色"面板中调整其"曝光"为 1.2、"对比度"为 79.3。

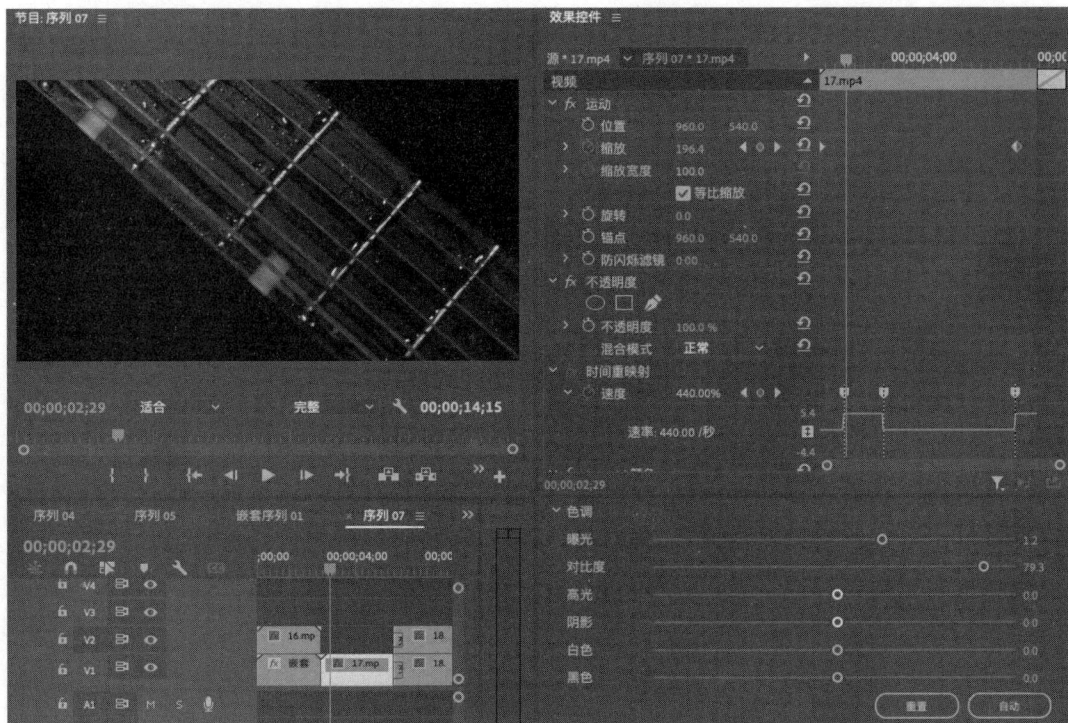

图 3.3.19　素材 "17.mp4" 的属性设置

选取素材 "18.mp4" 的 00:00～03:04 视频片段，拖至 "序列 07" V1 视频轨道的 05:17～08:21 时间段上，在片段前添加持续时间为 12 帧的 "交叉溶解" 视频过渡效果；设置其 "位置" 为（1370，123）、"锚点" 为（1339，132）；为其缩放属性制作关键帧动画，在时间点 05:17 处设置其 "缩放" 值为 100，在时间点 08:21 处设置其 "缩放" 为 140；为其旋转属性制作关键帧动画，在时间点 05:17 处设置其 "旋转" 为-19°，在时间点 08:21 处设置其 "旋转" 为 0；在 "Lumetri 颜色" 面板中调整其 "曝光" 为 1.5、"对比度" 为 100、"高光" 为-35.5。

复制 "序列 07" V1 视频轨道上的素材 "18.mp4"，粘贴至 V2 视频轨道的 05:17～08:21 时间段上，在片段前添加持续时间为 12 帧的 "交叉溶解" 视频过渡效果，设置其 "位置" 为（1293，-132）、"不透明度" 为 36%、"混合模式" 为 "变亮"，并添加 "水平翻转" 和 "垂直翻转" 特效，如图 3.3.20 所示。

图 3.3.20　素材 "18.mp4" 的属性设置

将素材 "19.mp4" 拖至 "序列 07" V3 视频轨道的 08:15～11:10 时间段上，在此片段前添加持续时间为 12 帧的 "交叉溶解" 视频过渡效果，设置其 "缩放" 为 182、"不透明度" 为 30%、"混合模式" 为 "变亮"；在 "Lumetri 颜色" 面板中调整其 "曝光" 为-0.5、"对比度" 为 100、"白色" 为 28.1、"饱和度" 为 126.1。

复制 "序列 07" V3 视频轨道上的 "19.mp4" 素材，粘贴到 "序列 07" V4 视频轨道的 08:15～11:10 时间段上，设置其 "位置" 为（750，540）、"混合模式" 为 "正常"，并添加 "水平翻转" 特效。

选取素材 "19.mp4" 的 00:00～02:25 视频片段，拖至 "序列 07" V5 视频轨道的 08:15～11:10 时间段上，在此片段前添加持续时间为 12 帧的 "交叉溶解" 视频过渡效果，并设置 "混合模式" 为 "变亮"；为其缩放属性制作关键帧动画，在时间点 08:15 处设置其 "缩放" 为 200，在时间点 11:10 处设置其 "缩放" 为 100；为其旋转属性制作关键帧动画，在时间点 08:15 处设置其 "旋转" 为-25°，在时间点 11:10 处设置其 "旋转" 为 0°；在 "Lumetri 颜色" 面板中调整其 "曝光" 为 2、"对比度" 为 70.9、"饱和度" 为 126.1，如图 3.3.21 所示。

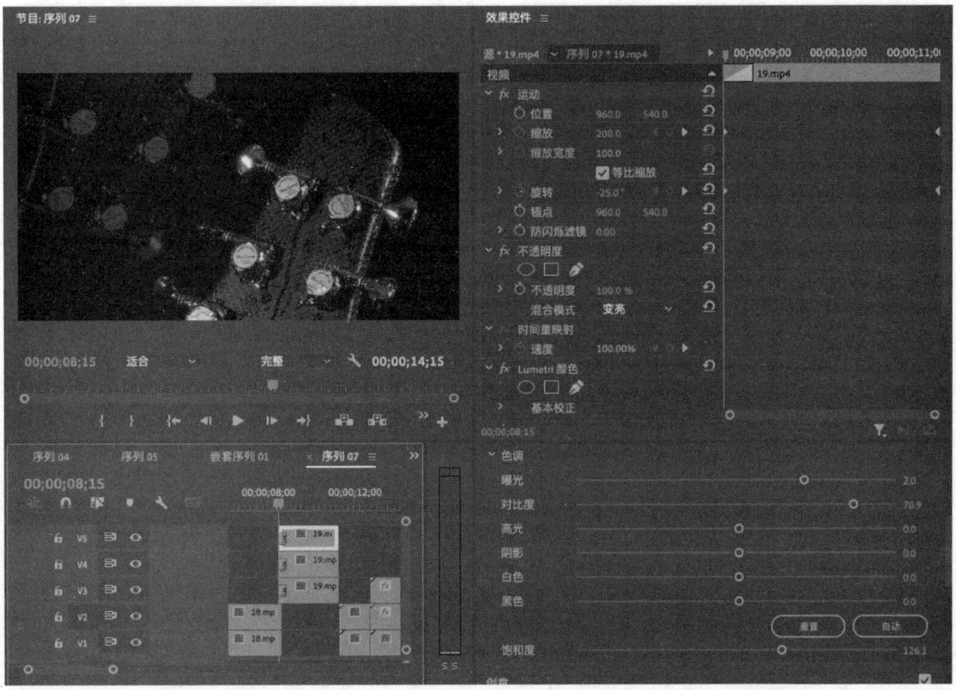

图 3.3.21　素材"19.mp4"（V5 视频轨道）的属性设置

选取素材"20.mp4"的 00:00～01:13 视频片段，拖至"序列 07"V1 视频轨道的 11:10～12:23 时间段上，设置其"位置"为（973，785）、"缩放"为 210、"不透明度"为 40%；在"Lumetri 颜色"面板中调整其"曝光"为 0.9、"对比度"为 80、"饱和度"为 0。复制"序列 07"V1 视频轨道上的"20.mp4"素材，粘贴至"序列 07"V2 视频轨道的 11:10～12:23 时间段上，设置其"缩放"为 150、"不透明度"为 100%；在"Lumetri 颜色"面板中调整其"曝光"为 1.5、"对比度"为 80、"饱和度"为 0；并为其添加"裁剪"特效，设置"左侧"为 20%，"顶部"为 15%，"右侧"为 19%，"底部"为 45%，如图 3.3.22 所示。

选取素材"20.mp4"的 00:00～01:22 视频片段，拖至"序列 07"V1 视频轨道的 12:23～14:15 时间段上，设置其"缩放"为 140；为其旋转属性制作关键帧动画，在时间点 12:23 处设置其"旋转"为 0，在时间点 14:15 处设置其"旋转"为-14；在"Lumetri 颜色"面板中调整其"曝光"为 1.1、"饱和度"为 0。

选取素材"21.mp4"的 00:00～01:22 视频片段，拖至"序列 07"V2 视频轨道的 12:23～14:15 时间段上，设置其"混合模式"为"滤色"。

选取素材"22.mp4"的 00:00～01:22 视频片段，拖至"序列 07"V3 视频轨道的 12:23～14:15 时间段上，设置其"混合模式"为"滤色"。"序列 07"时间线和画面展示效果图如图 3.3.23 所示。

图 3.3.22　素材"20.mp4"（V2 视频轨道）的属性设置

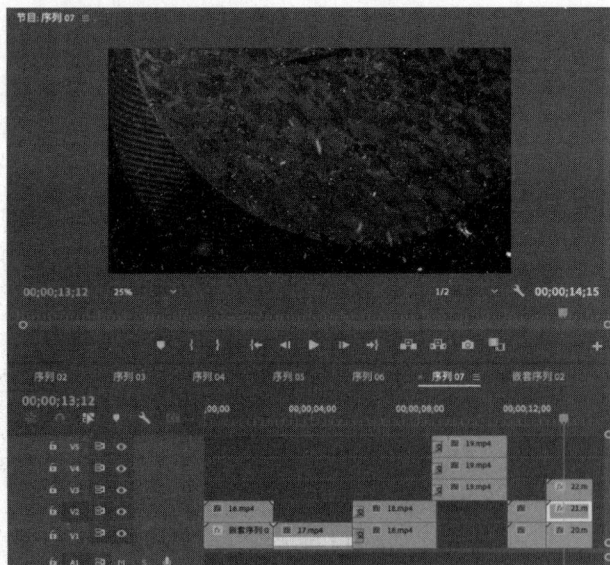

图 3.3.23　"序列 07"时间线和画面展示效果图

　　（9）新建"1920×1080，30fps"的序列并命名为"序列 08"，用来制作展示碳纤维吉他应用场景的视频片段。

将素材"23.mp4"拖至"序列 08"的 V1 视频轨道上,设置其"位置"为（1700,170）、"缩放"为 35；为其旋转属性制作关键帧动画,在时间点 00:00 处设置其"旋转"为-85°,在时间点 03:01 处设置其"旋转"为-100°；利用钢笔工具绘制蒙版,抠出吉他的形状,如图 3.3.24 所示。复制"序列 08"V1 视频轨道上的 23.mp4 素材,粘贴至"序列 08"的 V4 视频轨道上,设置其"位置"为（643,136）、"缩放"为 150、"旋转"为-90°。

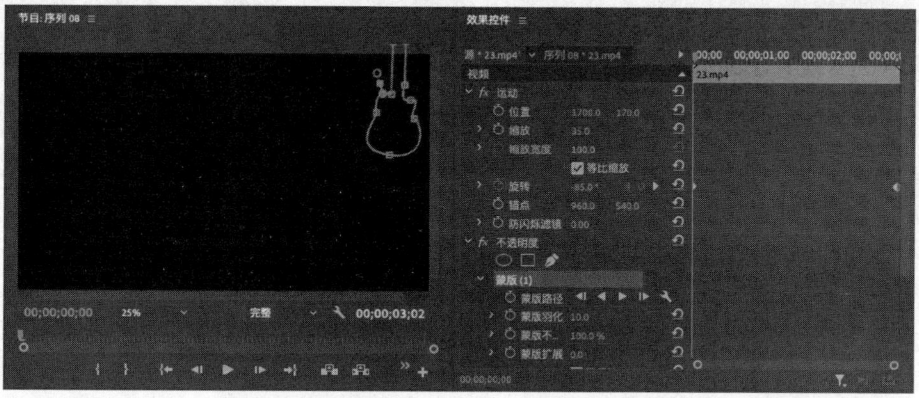

图 3.3.24 素材"23.mp4"的属性设置

将素材"24.mp4"拖至"序列 08"的 V2 视频轨道上,设置其"位置"为（1238,445）、"缩放"为 50、"不透明度"为 62%；为其旋转属性制作关键帧动画,在时间点 00:00 处设置其"旋转"为-110°,在时间点 03:01 处设置其"旋转"为-80°；利用钢笔工具绘制图层蒙版,抠出吉他的形状,如图 3.3.25 所示。复制"序列 08"V2 视频轨道上的"24.mp4"素材,粘贴至"序列 08"的 V3 视频轨道上,设置其"位置"为（110,211）、"缩放"为 55、"不透明度"为 20%；为其旋转属性制作关键帧动画,在时间点 00:00 处设置其"旋转"为-80°,在时间点 03:01 处设置其"旋转"为-97°。

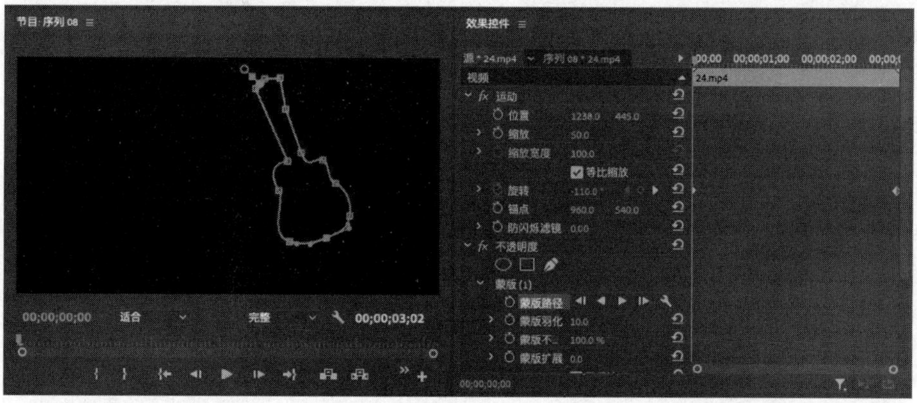

图 3.3.25 素材"24.mp4"的属性设置

（10）新建"1920×1080，30fps"的序列并命名为"总合成"，用来整合片头、字幕及所有序列。参看"碳纤维吉他短视频-样片.mp4"的视频效果，在序列中排列好片头素材"01.mov"和"序列01"～"序列08"，并在适当的位置添加字幕，然后根据效果视频为字幕及各素材添加"交叉溶解"视频过渡效果，如图3.3.26所示。调整完毕之后，播放预览视频画面效果，也可以根据个人喜好，进行其他参数的细微调整。

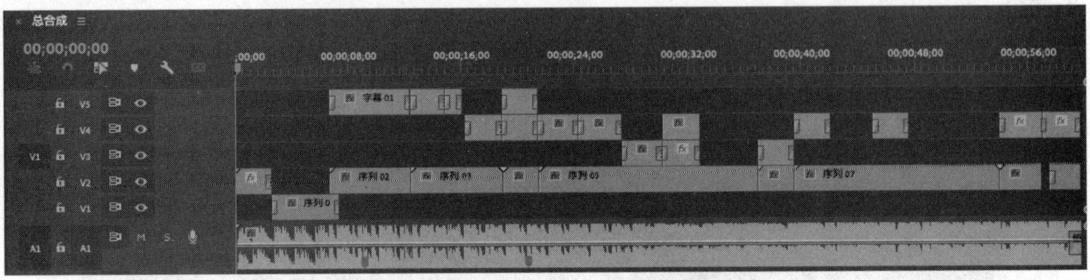

图3.3.26 "总合成"序列时间线

（11）添加完字幕之后，将"背景音乐.mp3"拖至"总合成"序列的A1音频轨道上，调整音频长度至合适，并在音频片段尾部添加"恒定功率"特效。可根据音频节奏对视频素材进行微调，使得视频画面更具节奏感，突出碳纤维吉他产品的特性和卖点，如图3.3.26所示。

（12）现在，整个短视频已经制作完成，播放预览整体效果，进行细微的调整，确认无误后保存输出。选择"总合成"序列的"时间线"面板，按快捷键 Ctrl+M 输出为"碳纤维吉他短视频.mp4"视频文件。

小提示

在本活动中，可能会出现不知道如何通过后期体现产品质感的情况，可以通过观看类似的质感广告大片，模仿质感表现的剪辑方式，以培养良好的审美观和艺术欣赏能力。

活动小结

本活动通过利用 Pr 软件的剪辑、时间重映射、蒙版等功能，制作了碳纤维吉他的产品短视频，较好地呈现了该产品的材质、外观、功能等，阐释了该产品的卖点和特点。最后，对画面进行了曝光、色温、饱和度等调整，使产品短视频的画面更具质感。

任务 3.4　碳纤维吉他短视频发布与推广

在新媒体时代，推广平台和渠道尤为重要。本任务需要对制作好的短视频进行及时宣传和推广，要求选择不同的、有针对性的平台和渠道多维度地推广碳纤维吉他短视频，提高碳纤维吉他产品的曝光度，以提高产品的销售量。

活动 3.4.1　碳纤维吉他短视频发布

🎥 **活动描述**

为了能最大程度地发挥该短视频的用处，本活动要求选择合适的平台对碳纤维吉他短视频进行发布，如视频平台推广、贴吧推广、论坛推广以及社群推广等，让碳纤维吉他产品的品牌和产品理念深入人心，进而激发顾客的购买欲望。

🎥 **活动实施**

下面以在快手手机客户端为平台，进行碳纤维吉他产品短视频的上传和发布。

（1）打开快手手机客户端平台。

（2）创建账号，然后单击下方菜单中的"拍摄"按钮，如图 3.4.1 所示。

（3）进入拍摄页面，选择"相册"选项，进入手机相册，如图 3.4.2 所示。

图 3.4.1　单击"拍摄"按钮

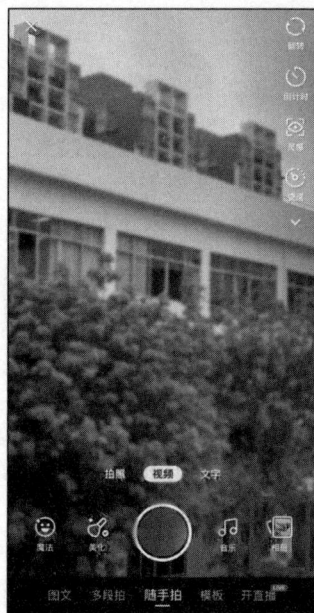

图 3.4.2　选择"相册"选项

101

（4）选择短视频成片，然后单击"下一步"按钮，如图 3.4.3 所示。

（5）短视频上传成功后，单击"下一步"按钮，如图 3.4.4 所示。

（6）编辑推广软文，完毕后单击"发布"按钮即可发布短视频，如图 3.4.5 所示。

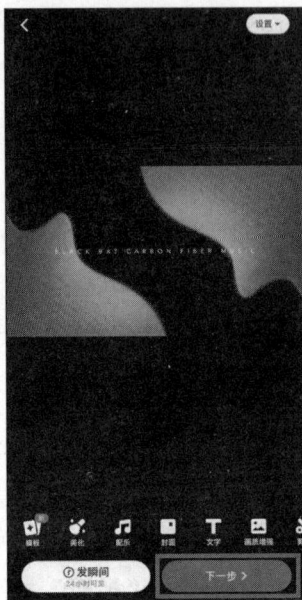

图 3.4.3　选择短视频成片　　　图 3.4.4　上传短视频　　　图 3.4.5　发布短视频

知识加油站

为了获得更好的推广效果，还可以采用以下方式推广短视频。

➤　视频平台推广

在哔哩哔哩、腾讯视频、爱奇艺、优酷等平台，设置好吸引人的短视频封面以及文案，发布碳纤维吉他短视频，然后借助热点，争取首页热门、频道推荐、排行榜等位置，较好地推广该短视频。

➤　贴吧、论坛推广

弹奏吉他的人拥有相同的兴趣和爱好，因此可以将碳纤维吉他短视频发布在相关的贴吧和论坛，能较好地引流进行推广。上传短视频后，也应把碳纤维吉他产品的服务相关信息也同时发布到贴吧、论坛里，以吸引产品目标人群的购买，达到短视频推广的目的。

➤　社群推广

将碳纤维吉他短视频分享到对吉他产品感兴趣的 QQ 群、微信群，以及发布到 QQ 空间、微信朋友圈和微信公众号等，以吸引感兴趣人群的注意力，激发其购买欲望。

活动小结

本活动通过在视频平台、论坛、贴吧和社群发布碳纤维吉他短视频，并且选择对吉他产品感兴趣的群体进行产品短视频的投放和推广，达到了事半功倍的效果。

活动 3.4.2 碳纤维吉他短视频推广

活动描述

在短视频平台发布后，应进一步推广宣传。本活动要求采用免费推广中的站外分享的方法，将吉他视频或吉他表演视频分享到微信、QQ 等平台上，并时刻关注短视频的点赞率、评论率、转发率和收藏率，为后期调整推广策略提供数据支撑。

活动实施

（1）首先用任意一个推广的抖音账号打开碳纤维吉他短视频。
（2）单击短视频右下角的"分享"按钮，如图 3.4.6 所示。
（3）可以单击朋友圈、微信好友、QQ 空间等图标进行站外分享，如图 3.4.7 所示。
（4）单击"复制链接"按钮跳转至第三方 APP 分享口令，如图 3.4.8 所示。

图 3.4.6 分享界面　　　　图 3.4.7 站外分享界面　　　　图 3.4.8 "复制口令发给好友"界面

（5）单击复制口令跳转至转发评论，如图 3.4.9 所示。

（6）单击复制口令跳转至今日头条，如图 3.4.10 所示。

图 3.4.9　跳转至转发评论

图 3.4.10　转发至今日头条

活动小结

本活动学习了站外分享的方法，将碳纤维吉他的产品短视频进一步推广宣传至朋友圈、QQ 空间、微博或今日头条等，扩大了品牌产品短视频的传播覆盖面，提升了品牌的知名度。

合作实训

请你根据小莫团队的设计方法，对果汁杯产品进行产品信息整理，并撰写拍摄该产品的分镜头脚本，然后展开素材拍摄，最后利用 Pr 软件合成果汁杯产品短视频，并对整个案例执行过程进行评价。具体要求如下。

（1）利用"素材\项目 3\合作实训\素材"文件夹下的素材，完成产品的视频合成，如图 3.s.1 所示。

（2）视频文案要与产品卖点相符合，文字排版方式要求美观、合理，字体颜色要求与主题符合，最后输出的视频文件格式为".mp4"。

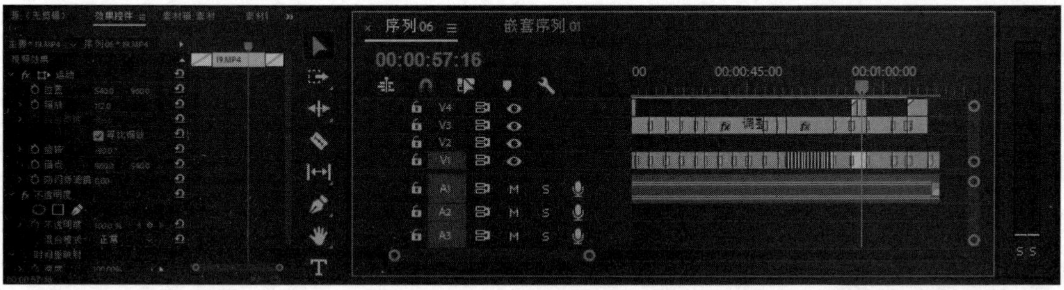

图 3.s.1 果汁杯产品短视频的设置

（3）对整个案例执行过程进行评价，特别是对实训成果进行评价。评价主体包括实训本人、实训小组、指导教师及第三方，如表 3.s.1 所示可以邀请"校中厂"的企业专业人员作为第三方参与评价。

表 3.s.1 视频作品评价表

评价项目	画面效果设计	音效效果设计	整体视频效果	职业素养
评价等级	A. 优秀 B. 合格 C. 不合格	A. 优秀 B. 合格 C. 不合格	A. 优秀 B. 合格 C. 不合格	A. 大有提升 B. 略有提升 C. 没有提升
自己评价				
小组评价				
教师评价				
第三方评价				
总评	修改建议			

说明：

1. 表格内按评价等级进行评价；
2. 请企业专业人员、客户等专业人士作为第三方参与评价；
3. 评为不合格的由指导教师注明原因及修改建议。

项目总结

通过本项目的学习，使小莫团队体会到了产品短视频从无到有的过程。通过产品信息整理、设计分镜头脚本、素材拍摄和后期剪辑，制作出了令顾客满意的碳纤维吉他短视频，并且通过多方式、多途径的短视频推广，较好地吸引了顾客注意，从而达到了产品短视频推广的效果。

项目 4

分 镜 细 化

📹 项目概述

　　小明和小张是某职校工艺美术专业的学生,在校内的某文化传媒工作室顶岗实习,目前他们正在开展小家电电煮锅项目。该项目的工作任务包括产品信息整理与分镜头脚本设计、电煮锅短视频素材拍摄、电煮锅短视频剪辑和电煮锅短视频推广。

　　本项目突出剪辑技巧的应用,把提炼出的卖点文案,通过剪辑手法与声音、视频画面巧妙地结合在一起,有效地吸引用户的关注,让产品视频更加贴合消费者的喜好,从而提高商品的销售和转换率。

🔍 项目目标

※ **知识目标**

　　了解产品 FABE 分析法;

　　熟悉常见的商业短视频广告后期制作要求;

　　掌握常见的商业短视频制作与发布流程。

※ **能力目标**

　　掌握视频、图片、声音处理的方法;

　　掌握字幕设计与字幕动画设置的方法;

　　学会制作常见的商业短视频广告。

※ **素质目标**

　　提高学生自主探究的学习意识;

　　增强学生的团队协作意识和劳动素养;

　　提升学生良好的审美观和艺术欣赏能力。

项目思维导图

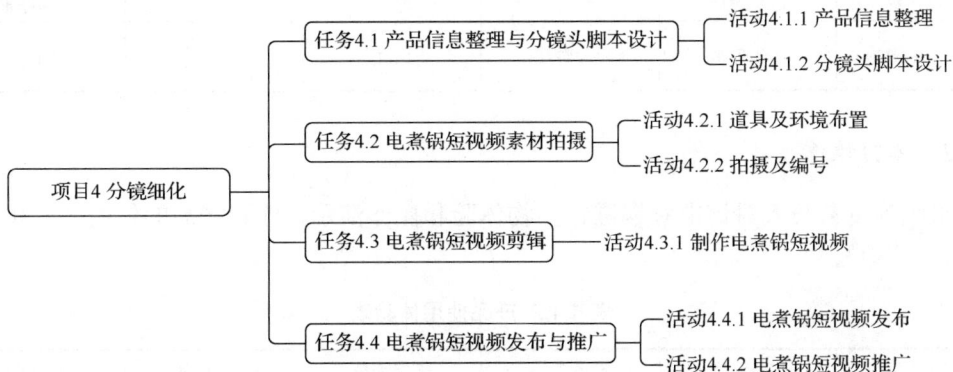

- 项目4 分镜细化
  - 任务4.1 产品信息整理与分镜头脚本设计
    - 活动4.1.1 产品信息整理
    - 活动4.1.2 分镜头脚本设计
  - 任务4.2 电煮锅短视频素材拍摄
    - 活动4.2.1 道具及环境布置
    - 活动4.2.2 拍摄及编号
  - 任务4.3 电煮锅短视频剪辑
    - 活动4.3.1 制作电煮锅短视频
  - 任务4.4 电煮锅短视频发布与推广
    - 活动4.4.1 电煮锅短视频发布
    - 活动4.4.2 电煮锅短视频推广

任务 4.1　产品信息整理与分镜头脚本设计

本任务是熟悉产品电煮锅，收集和整理电煮锅的相关产品信息，并根据所提炼的卖点，设计电煮锅短视频的分镜头脚本，为后期电煮锅短视频的拍摄与制作打好基础。

活动 4.1.1　产品信息整理

活动描述

工作室为该电煮锅项目量身打造短视频，其目的是想利用短视频推广产品，达到促销的目的。因此，本活动要求拍摄者必须熟悉产品的相关信息，包括从外观到操作性能再到产品所倡导的理念或内在的核心价值等，以便在后期拍摄与制作短视频时能更好地突出产品的卖点，以吸引消费者并激发其购买欲望。

> **小提示**
>
> 在本次活动中，要求通过"认真观察产品、动手体验操作、思考分析提炼、综合归纳整理"等步骤，完成电煮锅产品的信息整理，使学生学会自主探究，提高主动学习的意识。

活动实施

1. 初识产品

组织项目参与人对该电煮锅进行实物外观分析与研究，对照产品说明书等资料完成表 4.1.1 的填写。

表 4.1.1　产品外观分析表

产品名称	造型设计	颜色	容量	材质	产品净重
×××电煮锅	简约便携	豆沙绿/白	1.0 L	食品级 不锈钢+PP	1.1kg

2．体验操作

组织项目参与人对该电煮锅进行实物体验和操作演示，体验产品的使用感，并完成表 4.1.2 的填写。

表 4.1.2　产品使用体验表

产品名称	加热速度	噪声大小	操作难易	安全程度	清洗程度
×××电煮锅	大功率 加热快	小	一键开煮 旋转卡扣 开合自如	断电设计，防干 烧设计，防烫手 设计	容易清洗

3．提炼卖点

根据上述两项产品分析与研究，归纳出产品的特征及优点，同时结合电商平台同类型产品案例，提炼产品的卖点，并完成表 4.1.3 的填写。

表 4.1.3　产品 FABE 表

FABE 项目	内容			
产品的特征	一键开煮	旋转密封卡扣	不锈钢内胆、360°蒸汽导热	防烫、断电设计
产品的优点	操作简单	开合自如，侧倾不漏汁	受热均匀 恒温加热 快速加温	防烫手 防干烧
给顾客带来的利益点	省时省力 简单高效	方便、锁住美味	食品级安全，饭菜熟透不夹生	安全又省心
可用于印证的相关证明	操作示范	操作示范	操作示范	操作示范

知识加油站

产品"卖点"，是指商品所具备的别出心裁或与众不同的特色、特点，是消费者最关心的产品特点，也是决定是否购买的最具影响力的因素。

产品介绍 FABE 原则。

F 代表特征（features），即产品的特质、特性等，例如从材料、配置、设计、功能等方面去深刻挖掘这个产品的内在属性。

A 代表由这一特征所产生的优点（advantages），即向顾客证明"购买的理由"，如更方便、更高档、更温馨、更保险等。

B 代表这一优点能带给顾客的利益点（benefits），即商品的优势带给顾客的好处。通过强调顾客可以得到的利益、好处来激发顾客的购买欲望。

E 代表证据（evidence），包括技术报告、操作示范等，通过现场演示、相关证明文件及品牌效应来印证刚才的一系列介绍。

活动小结

产品信息整理是短视频制作的第一步，提炼的核心卖点，是后期视频剪辑中文字素材的重要组成部分，也是短视频的点睛之笔。只有充分了解产品，熟悉产品，才能根据产品的特点进行针对性和有效性的拍摄，将产品的特点和优势最大化地呈现在消费者面前。

活动 4.1.2　分镜头脚本设计

活动描述

分镜头脚本是创作短视频必不可少的前期准备，是摄影师进行拍摄、剪辑师进行后期制作的基础，也是所有创作人员领会设计意图、理解剧本内容和进行再创作的依据。就像操作规范一样，让每一个看到脚本的人都知道如何去拍摄，能很大程度上降低沟通成本和避免信息差异。本活动要求根据创作意图和文案来设计分镜头脚本，包括相应画面、配置音乐、把握片子的节奏和风格等。

活动实施

1. 明确主题

每个产品短视频必须有它想要表达的主题，它可以是产品本身的功能优势，如外观设计小巧方便、一键加热操作简单、恒温蒸汽锁住美味，也可以是突出给顾客带来的隐形价值，如健康的生活方式。我们必须先要有主题表达，然后才能开始短视频创作，之后所有的工作将围绕这个主题展开。

2. 搭建框架

确定好基本的主题，下一步就是一步步地完善它。家电类产品属于功能性产品，在拍摄家电类的产品短视频时，除了外观和细节卖点之外，还需要特别呈现产品的功能及其使用方法。

第一部分是外观拍摄。在布置的场景中合适的位置摆放产品，拍摄其整体外观，对品牌、型号及名称进行展现。

第二部分是卖点细节。通过近景和特写，根据文案提炼的卖点展现产品细节。

第三部分是功能及使用。项目参与人的手出镜来演示产品的使用。在功能演示这一部分，主要突出操作的简洁便利，方便使用，而固定镜头的拍摄也使操作过程更清晰，利于消费者观看。

3．充盈细节

"细节决定成败"，对于短视频也是如此。例如，操作台的道具摆放、利用灯光突出产品的质感、操作过程中的手部细节等都需要考虑到位，注重细节，可以让画面更"专业"，增强观众的感官体验，使产品更具有渲染力。

4．撰写脚本

电煮锅短视频脚本具体如表 4.1.4 所示。

表 4.1.4　电煮锅短视频脚本

镜头号	景别	镜头方式	画面内容	字幕	场景	表达意义
1	全景	固定	电煮锅全景	精致生活，美味尽在身边	黑色	外观展示
2	特写	固定	品牌 logo		黑色	品牌特写
3	特写	固定	旋转卡扣特写	精心设计，旋转密封卡扣	黑色	细节卖点 1
4	特写	固定	不锈钢内胆特写	304 不锈钢食品级内胆，安全放心	黑色	细节卖点 2
5	近景	固定	注水，水泡（花）		实景	操作
6	近景	固定	倒米，米粒		实景	
7	近景	固定	食材放进锅里		实景	
8	近景	固定	手放隔层，蒸排骨		实景	
9	近景	固定	手合盖，旋转	轻松手提，旋转卡扣，开合自如	实景	细节卖点 3
10	特写	固定	手指按键，亮灯开煮	一键开煮，省时省力，快速加温	实景	细节卖点 4
11	近景	固定	旋转开盖，提起防烫手提盖	贴心设计，防烫提手，密封不测漏	实景	细节卖点 5
12	近景	固定	打开密封盖，排骨	360° 蒸汽导热，受热均匀，锁住美味	实景	功能多样
13	近景	固定	打开密封盖，汤		实景	
14	近景	固定	打开密封盖，青菜		实景	
15	全景	运动	电煮锅和菜的整体展示	健康美味，即刻轻松享有	实景	

知识加油站

在短视频出现之前，网络销售平台都是利用主图来吸引眼球，而短视频出现之后，主图视频就成了促进店铺销量的新功能，让消费者在一定程度上能够更加直观清晰地了解产品。那么主图短视频有什么要求呢？下面以京东主图视频要求为例进行介绍。

（1）时长要求：视频不能少于 6s，视频时间长度最好在 6～90s。

（2）格式要求：使用 mp4 模式。

（3）视频长宽要求：1∶1 的比例是比较常用的，长度在 500～1920px 范围内。

（4）大小要求：50MB 以内。

（5）背景要求：最好是纯白背景，如果做不到纯白，尽量避免出现杂物、混乱。

（6）内容要求：禁止出现其他品牌的 logo；禁止出现二维码、微信、QQ 等联系方式；禁止侵权；视频展示的内容不能与商品不符合；不能带有京东以外的链接。

活动小结

对于短视频创作团队来说，脚本是提高效率、保证主题、节省沟通成本的重要工具。在本活动中，小明团队掌握了小家电类产品的短视频脚本设计，明确了对于功能性的家电类产品，除了外观和细节卖点这些部分之外，还需要特别呈现产品的功能以及使用方法。

任务 4.2　电煮锅短视频素材拍摄

本任务是根据任务 4.1 所设计的短视频脚本开展拍摄实践活动，将产品及产品功能通过镜头语言表达出来。本任务主要分为两个活动：一个是道具及环境布置，展现真实环境下产品的实际使用，将产品功能具象化，同时也丰富产品的视觉效果；另一个是进行实际拍摄并整理镜头编号，选出合适能用的素材，以便后期电煮锅短视频剪辑任务的开展。

活动 4.2.1　道具及环境布置

活动描述

有些短视频画面品质不高，一个很重要的原因就是布景和道具没有衬托或展现出产品的特点。因此在进行商品拍摄时，拍摄环境非常重要，因为场景的布置、道具的准备、拍摄的光线都会影响拍摄的效果。本活动要求小明团队做好拍摄场地布置和道具（食材）的准备。

小提示

"伟大的成绩和辛勤的劳动是成正比例的，有一分劳动就有一分收获，日积月累，从少到多，奇迹就可以创造出来。"在道具及环境布置的活动中，需要团队每一位成员相互协作，共同完成场景的布置和道具的准备。尤其需要动手完成食材的"洗、切、调味腌制、搭配摆盘"等步骤，以促进团队协作，增强动手能力。

活动实施

1. 选择场地

在选择拍摄场地时，首先要确定拍摄场地是室内还是户外。小明团队决定在室内进行拍摄，这种拍摄手法可以结合商品本身的特性营造较好的视觉效果，使得拍摄出来的商品更加富有立体感和真实感。

> **知识加油站**
>
> 如果拍摄场地在室内，那么就要根据短视频脚本来搭建临时摄影棚，确定拍摄风格。室内的场地需要构建场景、准备能衬托环境的背景布和道具。在室内布置拍摄场地比较容易进行把控，而且拍摄过程不易受外界环境的影响。如果拍摄场地在室外，寻找与设计脚本相契合的场地进行拍摄即可，不需要太过复杂地进行布置，但是拍摄过程受到外部因素影响的风险也会大大增加，如天气、户外光线、场外人物等。

2. 场景布置

电煮锅在各类平台上大多数是以厨房场景去拍摄，这样的产品拍摄方法可以直接体现出产品的特征。但是由于环境受限，小明团队只能模拟厨房的环境去达到理想的拍摄效果。要想模拟厨房的场景，先要有一个餐桌，配备生活中或厨房中常见的一些餐具或蔬菜，也可以用其他各种物品去营造餐桌的一个氛围，背景颜色选择了自带高级感的豆沙绿，与这款电煮锅的配色相呼应，给人一种简洁又精致的视觉感受，如图 4.2.1 所示。

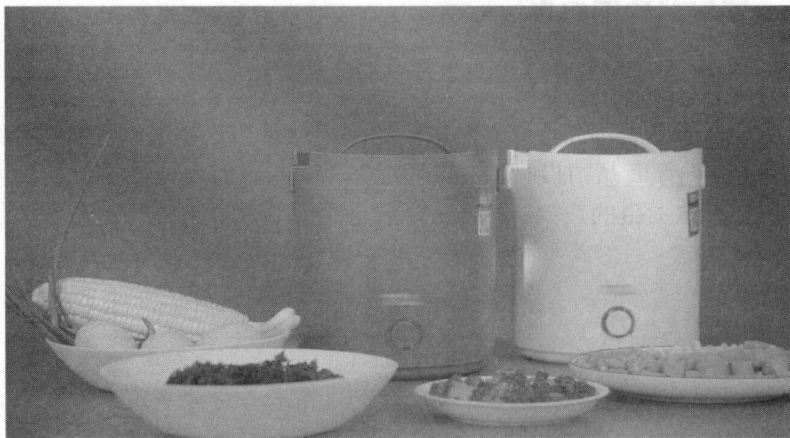

图 4.2.1　场景布置

3．道具准备

根据脚本要求，需要操作演示电煮锅的煮、蒸、焖等功能，因此小明团队准备了常见的食材，如紫菜、鸡蛋、胡萝卜、豌豆、火腿、排骨、葱、辣椒等，还有摆拍的盘子、碗等餐具。

4．摄影器材的准备

"工欲善其事，必先利其器"，在短视频拍摄过程中，器材的准备也是至关重要的，如摄像机、灯光设备和反光板、录音设备，以及三脚架、滑轨、监视器等辅助设备。

🎥 活动小结

本活动中，小明团队根据设计的脚本，结合现有的条件进行电煮锅的道具和环境布置，明确了场地、布景、道具和器材这四个方面的要求。道具及环境布置，是为了能够更好地展现产品的功能，同时通过环境的营造，也可以向消费者传达产品的设计理念，丰富产品内涵的同时，增强视觉观赏效果。

活动 4.2.2　拍摄及编号

🎥 活动描述

明确了场地、布景、道具和器材这四个方面的要求后，小明团队便要开始进行产品拍摄了。本活动要求将产品及产品功能通过镜头语言表达出来，因此非常考验摄影师的技术水平，如相机参数的设置、布光技巧、构图技巧等，还有细节的把控也尤为重要。

🎥 活动实施

1．检查设备

在拍摄之前，要对摄像机的电池、存储卡、辅助设备等进行检查。准备好备用设备和备用电池，以免遇到突发情况。

2．细节处理

拍摄时尽量把产品上的灰尘、划痕、指纹等清理干净。

3．注意构图

拍摄时，特别要注意摆设的道具与所拍摄商品应协调统一，主次分明。

4．布光技巧

想要精准地对场景进行布光，需要研究主光、辅助光、背光、侧光、实用光源等的使用技巧。拍摄家用电器，可以选择对称光、左右光或上下光。在纯背景家电拍摄时，可以选择对称光，让产品更为突出，消费者会不经意地把目光聚集到一点上。当然对称光也不是绝对的左右对称，为避免死板以及更灵活地表现光感，可以在产品的一侧加上高光，让产品上的光有微妙的变化。

> **知识加油站**
>
> 对于场景的拍摄，布光会比平拍复杂一些，因为场景搭配要考虑产品主体，还要考虑所搭配的物品的明暗关系，因此灯光的使用会比较多。首先要把整个场景打亮，主光灯用于打亮整个背景，而辅助灯光是在左右两边，如果是直接照射，光线会过于生硬，因此要在闪光灯前面加柔光纸，让它的光线更加柔和，灯光的位置要根据实际情况进行调整，还要适当地调整相机的参数。

5. 影调的控制处理

低调画面要沉稳、雅致，带有神秘感，用于表现造型别致、轮廓线条多变及材质的独特质感，还可以根据结构特征，拍局部特写，增强视觉冲击力。高调画面应明亮、清新，给人一种温馨的感觉，可以运用柔光、亮背景或渐变拍摄，通常用于表现整体氛围的营造。图 4.2.2 所示为低调画面和高调画面的对比效果。

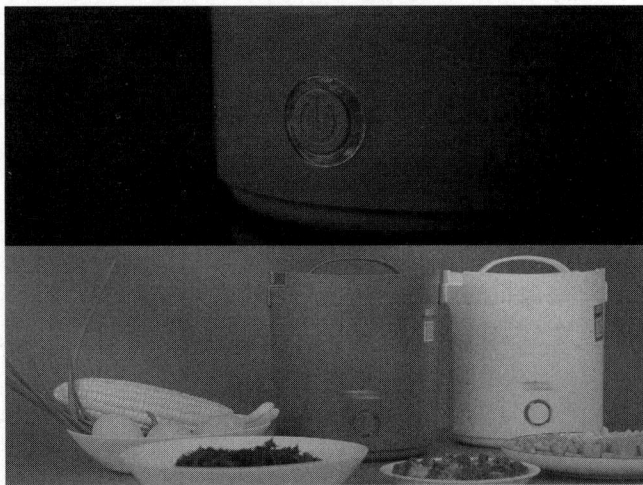

图 4.2.2   低调画面与高调画面的对比

6. 素材编号整理

根据脚本中的 15 个镜头要求，挑选适用的素材，标记编号和片段，并完成表 4.2.1 的填写。

表 4.2.1 素材编号

镜头号	景别	画面内容	场景	镜头编号	截取片段	
1	全景	电煮锅全景	黑色	C0242	始	00:00:05:03
					终	00:00:11:11
2	特写	品牌 logo	黑色	C0243	始	00:00:06:18
					终	00:00:13:37
3	特写	旋转卡扣特写	黑色	C0245	始	00:00:07:00
					终	00:00:14:11
4	特写	不锈钢内胆特写	黑色	C0246	始	00:00:20:36
					终	00:00:26:25
5	近景	注水，水泡（花）	实景	C0188	始	00:00:04:45
					终	00:00:07:13
6	近景	倒米，米粒	实景	C0183	始	00:00:02:17
					终	00:00:05:47
7	近景	食材放进锅里	实景	C0184	始	00:00:01:16
					终	00:00:04:16
8	近景	手放隔层，蒸排骨	实景	C0190	始	00:00:05:42
					终	00:00:09:02
9	近景	手合盖，旋转	实景	C0193	始	00:00:02:34
					终	00:00:05:48
10	特写	手指按键，亮灯开煮	实景	C0196	始	00:00:15:36
					终	00:00:19:18
11	近景	旋转开盖，提起防烫手提盖	实景	C0221	始	00:00:01:48
					终	00:00:08:08
12	近景	打开密封盖，排骨	实景	C0216	始	00:00:05:30
					终	00:00:07:21
13	近景	打开密封盖，汤	实景	C0230	始	00:00:04:08
					终	00:00:07:16
14	近景	打开密封盖，青菜	实景	C0304	始	00:00:02:10
					终	00:00:06:32
15	全景	电煮锅和菜的整体展示	实景	C0200	始	00:00:04:42
					终	00:00:08:15

活动小结

本活动运用镜头语言将产品及产品功能、卖点表达出来，小明团队通过实际拍摄活动，对电煮锅的细节、构图技巧、布光技巧以及影调的控制有了进一步的认识和理解，并结合脚本整理了镜头编号，选出了合适能用的素材，为接下来开展电煮锅短视频剪辑任务提供了优秀的素材。

任务 4.3 电煮锅短视频剪辑

通过短视频的方式展示产品从外观到操作性能再到产品所倡导的理念或内在的核心价值等方面的卖点，以便吸引消费者，激发购买欲望。电煮锅属于功能性的产品，根据前期拍摄脚本的设计，本任务主要展示产品及操作过程，通过字幕文字设计突出卖点。

活动 4.3.1 制作电煮锅短视频

活动描述

本活动要求制作的电煮锅短视频内容生动有趣，核心卖点和产品的设计特点用适当的文字进行标注，展示产品细节部分时要求尽可能详细、突出。视频配乐要符合视频画面风格，并搭配合适的音效以增加视频的听觉冲击力。

> **小提示**
>
> 本活动通过对视频素材的剪辑处理、轻快音频的处理、卖点文案的美化设计、排版及动画设置，可以提升团队成员良好的审美观和艺术欣赏能力，提高发现美、感受美、表现美和创造美的能力。

活动实施

电煮锅短视频最终效果如图 4.3.1 所示。

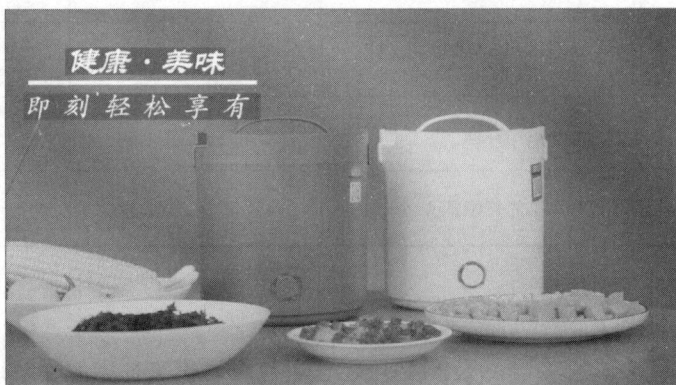

图 4.3.1 电煮锅短视频最终效果

知识加油站 ▶

淘宝 PC 端和移动端对短视频的要求不同。PC 端要求视频的比例为 1∶1 或者 16∶9，建议选 1∶1 的正方形，这样的尺寸更能满足主图的展示需求，消费者的观看体验较佳。移动端要求视频的比例为 3∶4 或者 9∶16 的竖屏都可以，建议选 3∶4，淘宝也鼓励商家上传 3∶4 的视频，并支持在爱逛街频道播出。淘宝的建议是长度和宽度都不低于 800px，上传的视频格式尽量为 mp4 格式。

制作淘宝短视频时，建议以 1080p 的视频规格为主，即画面分辨率为 1920px×1080px，帧速率为 25fps 或 30fps。制作完成以后，由于尺寸较大，画质较高，因此既可以将视频裁剪为 1080px×1080px 的 1∶1 规格，也可以将其裁剪为 810px×1080px 的 3∶4 规格，基本可以满足淘宝对短视频尺寸大小的要求。

（1）启动 Pr 软件，新建项目并新建"1920×1080，30fps"的合成序列，命名为"××电煮锅短视频"，如图 4.3.2 所示。

图 4.3.2　新建序列

（2）在"项目"面板中双击打开相应的素材，以文件夹的形式分别导入视频素材和音频素材。然后将视频素材按照"素材\项目 4\任务 3"文件夹下的 Word 文件"镜头编号"的说明将素材按顺序拖入"×××电煮锅短视频"时间线上，同时将音频素材"任务 3 音乐"也拖入时间线上，如图 4.3.3 所示。

图 4.3.3　导入视频素材

（3）双击音频素材箱中的"任务 3 音乐"，可以在源监视器窗口发现该音频开始处有 4 个明显的波峰，刚好与前 4 个低调黑背景的素材镜头相呼应。按快捷键 M（英文输入状态），在源监视器窗口将前 4 个音频波峰结尾处做标记，如图 4.3.4 所示。

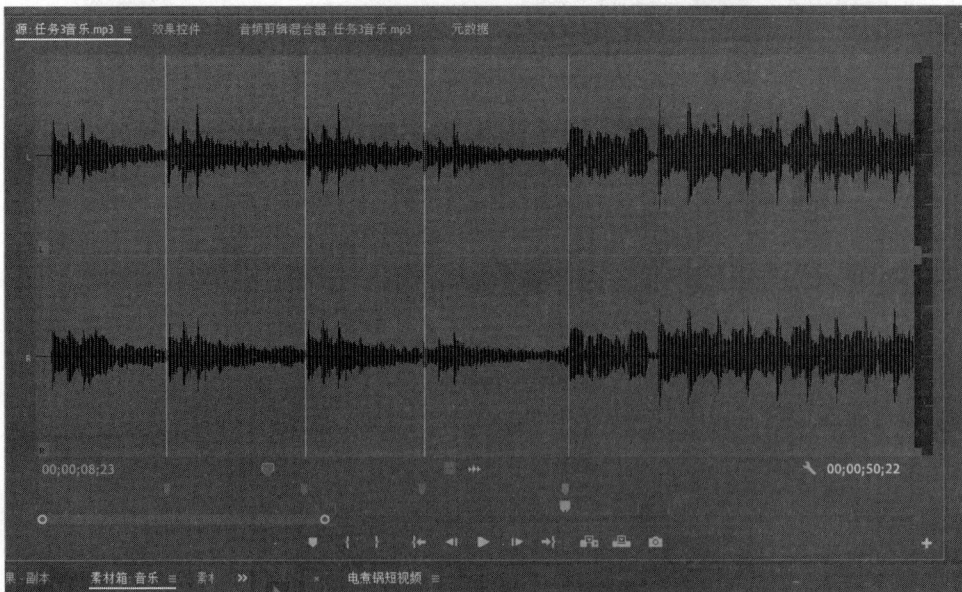

图 4.3.4　将音频素材做标记

（4）在时间线编辑窗口选中第一个视频素材 C0242，在中间的工具栏中找到比率拉伸工具（快捷键为 R），于第一段素材结尾处按住鼠标左键往左拉，与音频素材第一个标记对齐，然后使用相同的方法将其他三段素材也与各自的音频标记对齐，如图 4.3.5 所示。

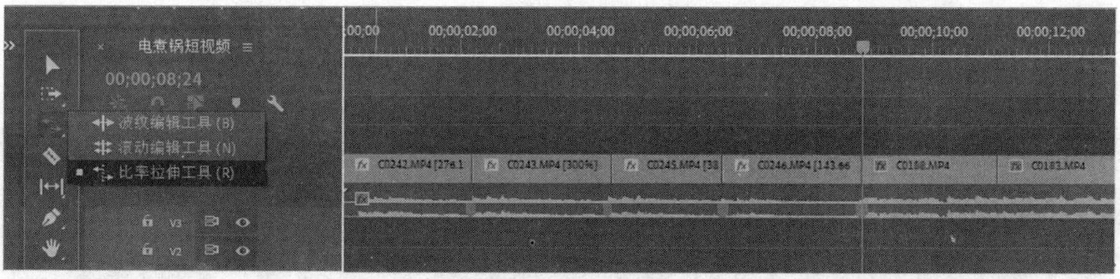

图 4.3.5　使用比率拉伸工具

（5）添加视频过渡效果。切换到效果工作区，在右侧搜索框中输入"交叉溶解"，并将该效果分别拖到时间线素材 C0246 与 C0188 和 C0304 与 C0200 中间，如图 4.3.6 所示。

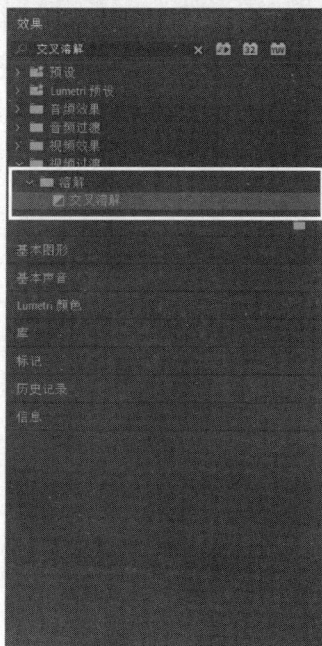

图 4.3.6　添加视频过渡效果

（6）在"项目"面板中单击"新建项"按钮，选择"调整图层"选项，然后将调整图层拖拽到视频 2 轨道上，并拖拽修改其长度，使其与音频 A1 轨道内容对齐。选中视频 2 轨道上的调整图层，将软件的工作区切换为"颜色"工作区，在"Lumetri 颜色"面板中调整"曝光"为 1，"对比度"为 40，"高光"为 40，"阴影"为-40，如图 4.3.7所示。也可以根据个人喜好，进行其他参数的细微调整。

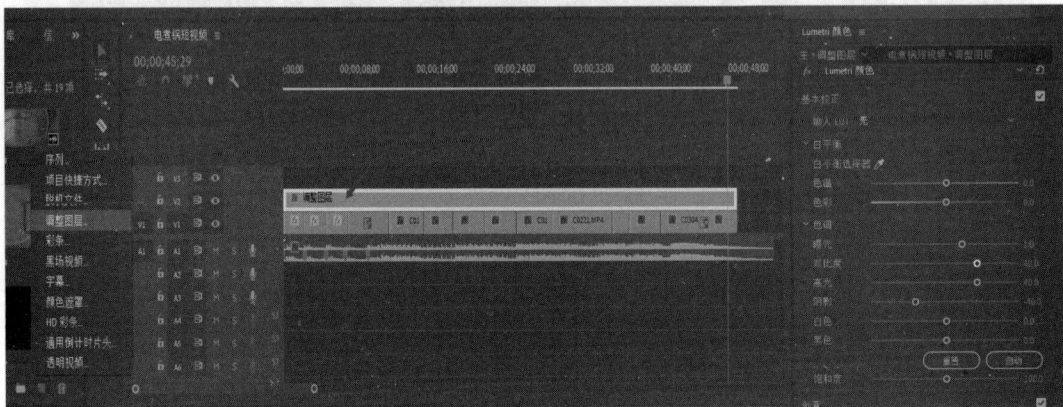

图 4.3.7　添加并设置调整图层

（7）添加字幕。新建文本图层，然后打开"素材\项目 4\任务 3\"文件夹下的 Word文件"电煮锅短视频脚本"，根据该文件提供的文案进行字幕设计，根据文案要求，在文本图层输入"精致生活"，在基本图形面板中将切换动画的"位置"设置为"45，545"，切换动画的"比例"设置为 110，切换动画的"不透明度"设置为 75，"文本"选择"STLiti"，"字距"为 50，仿斜体，"背景颜色"为"#6a9685"，"不透明度"为75，如图 4.3.8 所示。

（8）继续新建文本图层，输入"美味尽在身边"，在"基本图形"面板中将切换动画的"位置"设置为"3，672"，切换动画的"比例"设置为 80，切换动画的"不透明度"设置为 50，"文本"选择"STKati"，"字距"为 165，仿斜体，"背景颜色"为"#425b51"，"不透明度"为 50。长按工具栏中的钢笔工具选择矩形工具，在"精致生活"图层下方画一条细线，将切换动画的"位置"设置为"278，580"，"填充"选择"白色"，如图 4.3.9 所示。

图 4.3.8 文本图层参数设置

图 4.3.9 文本图层与形状图层效果

（9）设置动画效果。在"效果控件"面板中找到"形状"，将时间轴拉至"00；00；01；03"处，打开"水平缩放"的"小秒表"设置"关键帧"，取消选中"等比缩放"复选框；再将时间轴拉至"00；00；00；03"处，添加"关键帧"，把"缩放"改为 0。右击第二个关键帧，设置贝塞尔曲线，往左拉，如图 4.3.10 所示。

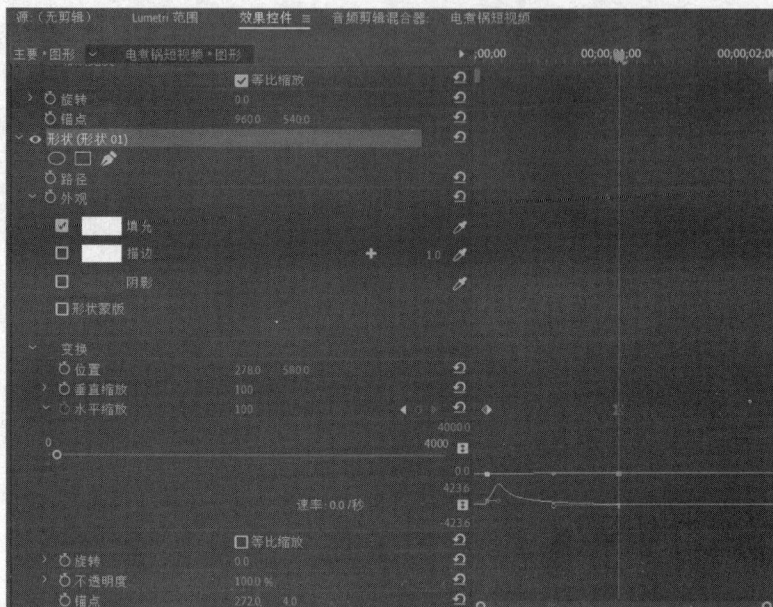

图 4.3.10　设置形状动画效果

（10）在"效果控件"面板中找到"文本（美味尽在身边）"，然后使用钢笔工具绘制蒙版。将时间轴拉至"00；00；01；03"处，打开"位置"的"小秒表"设置"关键帧"；再将时间轴拉至"00；00；00；03"处，添加"关键帧"，把"位置"设置为"X=3，Y=560"，将蒙版位置往上移。同理，找到"文本（精致生活）"重复上述动画设置，将蒙版位置下移，"位置"为"X=45，Y=665"，如图 4.3.11 所示。

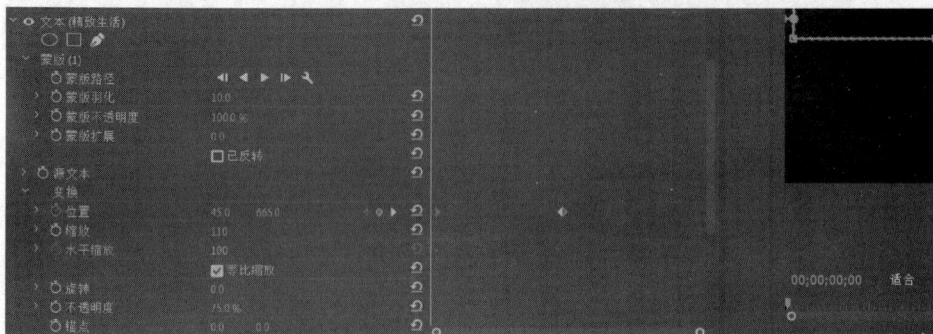

图 4.3.11　绘制蒙版设置位置关键帧

（11）将设置好的文字图层复制添加到相应视频片段上方的 V3 轨道，根据脚本字幕文案的内容，更改相应文字内容，调整字幕出现的时间长度，根据视频画面内容，对字幕出现的位置进行排版，使其构图更加合理，画面更加协调。也可以自行设置不同的动画效果，达到理想的效果。添加完字幕之后的效果如图 4.3.12 所示。

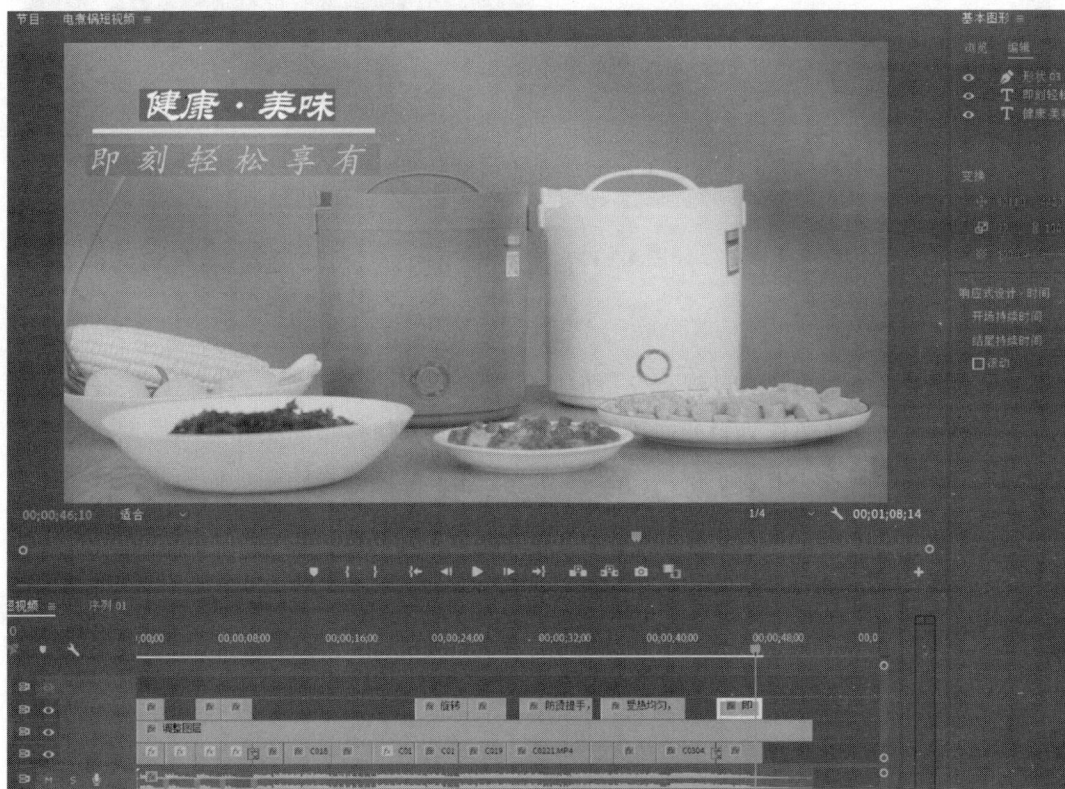

图 4.3.12 添加字幕

（12）添加完字幕之后，在视频结尾处将视频素材箱中的 logo.mov 素材拉至时间线上，对其长度进行裁剪，使得视频长度与音频长度一致。同时，在"效果控件"面板中将"位置"设置为"X=960，Y=560"，"缩放"为 180，如图 4.3.13 所示。

（13）至此，整个短视频已经制作完成，播放预览整体效果，进行细微调整，确认无误后保存输出。选择"时间线"面板，按快捷键 Ctrl+M，格式选择"H.264"将视频文件输出为"×××电煮锅短视频.mp4"。

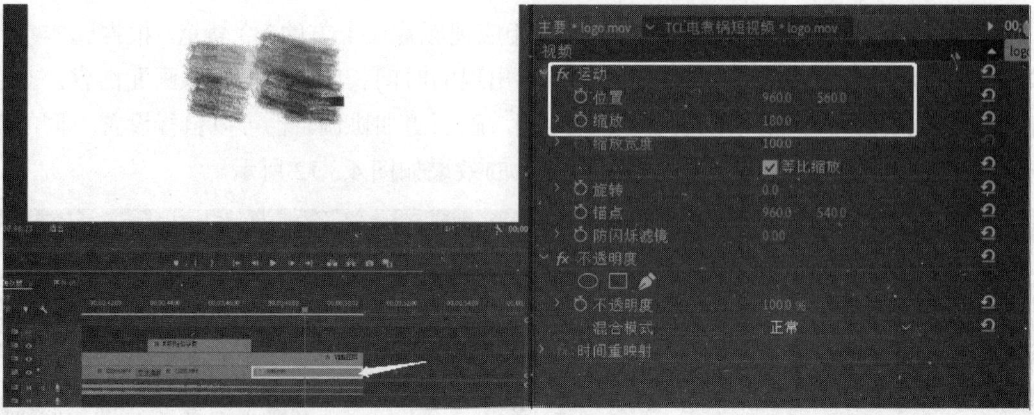

图 4.3.13 添加结尾 logo

活动小结

本活动中，小明团队通过视频完整地展示了电煮锅的产品卖点和特点，字幕设计采用与产品同色系的颜色作为背景，设置了关键帧动画，使得画面整体更加协调，同时结合音频波峰进行卡点，增强了视频的节奏感，提升了整体画面的观赏体验感，提高了视频的可阅读性。整体效果非常不错，达到了客户的要求。

任务 4.4 电煮锅短视频发布与推广

本任务要求在基于电煮锅短视频拍摄制作好的基础上，将视频投放至各短视频推广平台，对产品进行推广宣传，从而促进产品销售。

活动 4.4.1 电煮锅短视频发布

活动描述

小明团队在完成产品短视频的制作后，需要在短视频平台上发布，以此达到推广宣传、增加产品销量的目的。电商短视频发布平台有小红书、抖音、新片场、京东等，本活动以抖音为例展开。

活动实施

电煮锅产品发布后的最终效果如图 4.4.1 所示。

（1）打开抖音手机客户端，登录账号。

（2）进入抖音拍摄页面，单击下方"+"按钮，如图 4.4.2 所示。

图 4.4.1　最终效果

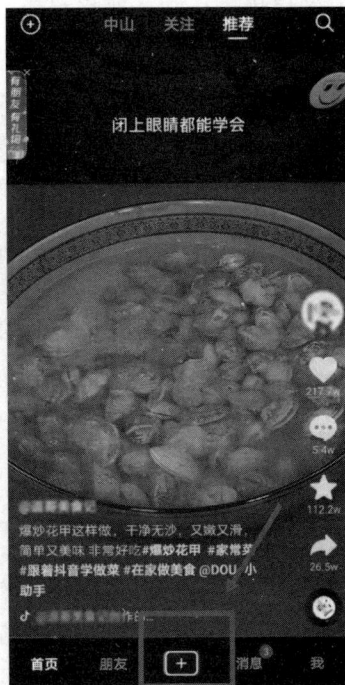

图 4.4.2　单击 "+" 按钮

（3）选择制作好的短视频成片，如图 4.4.3 所示。

图 4.4.3　选择短视频

（4）上传短视频后，单击 "下一步" 按钮，如图 4.4.4 所示。

（5）编辑推广软文，选择封面，然后单击"发布"按钮即可发布短视频，如图 4.4.5 所示。

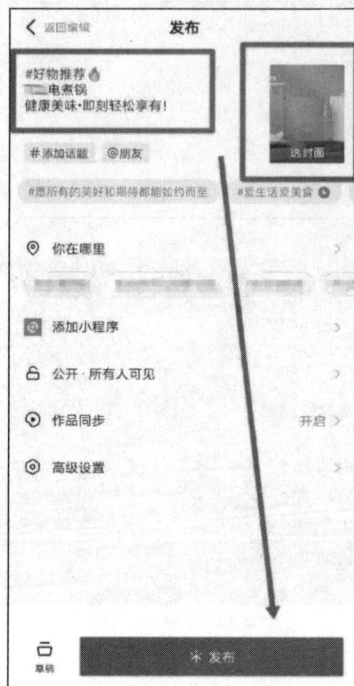

图 4.4.4　单击"下一步"

图 4.4.5　发布短视频

活动小结

在本活动中，小明团队选择利用抖音将产品短视频进行推广，抖音的优势在于受众面较广，浏览量高，因此产品短视频投放至抖音平台上，可以快速扩大宣传力度，起到广而告之的作用。

活动 4.4.2　电煮锅短视频推广

活动描述

在短视频平台发布电煮锅短视频后，为了进一步对其推广宣传，本活动采用付费推广 DOU+的方法，系统智能推荐，这个模式非常简单，只需要简单设置即可开始推广，非常适合新手尝试，但是粉丝属性无法控制。

活动实施

（1）首先用任意一个推广的抖音账号打开要推广宣传的短视频。

（2）单击短视频右下角的"分享"按钮，如图4.4.6所示。

（3）单击DOU+"帮上热门"按钮，如图4.4.7所示。

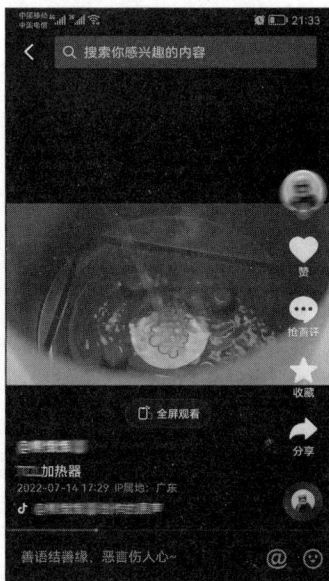

図 4.4.6　分享界面

图 4.4.7　DOU+"帮上热门"按钮

（4）在把"视频推荐给潜在兴趣用户"处选中"系统智能推荐"单选按钮，设置投放目标为"点赞评论量"，投放时长通常设置"24小时"，如图4.4.8所示。

图 4.4.8　具体参数设置

（5）选择投放金额后即可开始投放。DOU+最低投放金额为 100 元，建议首次投放时，选择"自定义"100 元，如果指标数据好再增加投放金额，如图 4.4.9 所示。

图 4.4.9　投放金额设置

活动小结

本活动介绍了付费推广中的 DOU+方法，并以电煮锅短视频为例，利用系统智能推荐把短视频推送给潜在兴趣用户，以吸引用户流量，实现短视频推广的精准投放，为品牌或产品带来快速曝光和精准客流。

合 作 实 训

1．请你根据小明团队产品信息整理的步骤与方法，收集某品牌电煮锅的相关信息，提炼卖点，设计拍摄脚本，并完成下列表格的填写。

（1）初识产品。组织项目参与人对该电煮锅进行实物外观分析与研究，对照产品说明书等资料完成表 4.s.1 的填写。

表 4.s.1　产品外观分析表

产品名称	造型设计	颜色	容量	材质	产品净重
×××电煮锅					

（2）体验操作。组织项目参与人对该电煮锅进行实物体验和操作演示，体验产品的使用感，并完成表 4.s.2 的填写。

表 4.s.2　产品使用体验表

产品名称	加热速度	噪音大小	操作难易	安全程度	清洗程度
×××电煮锅					

（3）提炼卖点。根据上述两项产品分析与研究，归纳出产品的特征和优点，同时结合电商平台同类型产品案例，提炼产品的卖点，并完成表 4.s.3 的填写。

表 4.s.3　电煮锅 FABE 表

FABE 项目	内容		
产品的特征			
产品的优点			
给顾客带来的利益点			
可用于印证的相关证明			

（4）设计脚本，并完成表 4.s.4 的填写。

表 4.s.4　电煮锅短视频脚本

镜头号	景别	镜头方式	画面内容	字幕	场景	表达意义

（5）对整个实训执行过程进行评价，特别是对产品外观分析表、产品使用体验表、产品 FABE 表、短视频脚本设计四项内容进行评价。评价主体包括实训本人、实训小组、指导教师及第三方，如表 4.s.5 所示，可以邀请"校中厂"的企业专业人员作为第三方参与评价。

表 4.s.5　实训过程评价表

评价项目	产品外观分析表	产品使用体验表	产品 FABE 表	短视频脚本设计
评价等级	A. 优秀 B. 合格 C. 不合格	A. 优秀 B. 合格 C. 不合格	A. 优秀 B. 合格 C. 不合格	A. 优秀 B. 合格 C. 不合格
自己评价				
小组评价				
教师评价				
第三方评价				
总评		修改建议		

说明：

1. 表格内按评价等级进行评价；

2. 请企业专业人员、客户等专业人士作为第三方参与评价；

3. 评为不合格的由指导教师注明原因及修改建议。

2．请你根据上一实训题中所设计的"×××电煮锅"短视频脚本开展拍摄实践活动，将产品及产品功能通过镜头语言表达出来。

（1）道具及环境布置，将产品功能具体化，同时也丰富产品的视觉效果。

（2）进行实际拍摄并整理镜头号，选出合适能用的素材，并完成表 4.s.6 的填写。

表 4.s.6　×××电煮锅镜头

镜头号	景别	画面内容	场景	镜头方式	截取片段	
					始	
					终	

（3）对整个实训执行过程进行评价，特别是对环境布置、道具的准备、所拍摄的素材质量、团队合作精神这四项内容进行评价。评价主体包括实训本人、实训小组、指导教师及第三方，如表 4.s.7 所示。可以邀请"校中厂"的企业专业人员作为第三方参与评价。

表 4.s.7　实训过程评价表

评价项目	环境布置	道具的准备	素材质量	团队合作精神
评价等级	A. 优秀 B. 合格 C. 不合格	A. 优秀 B. 合格 C. 不合格	A. 优秀 B. 合格 C. 不合格	A. 大有提升 B. 略有提升 C. 没有提升
自己评价				
小组评价				
教师评价				
第三方评价				
总评		修改建议		

说明：

1．表格内按评价等级进行评价；

2．请企业专业人员、客户等专业人士作为第三方参与评价；

3．评为不合格的由指导教师注明原因及修改建议。

3．请你根据小明团队的设计方法，设计制作某品牌电煮锅短视频，字幕文案内容结合产品的 FABE 表撰写，并对整个案例执行过程进行评价。具体要求如下。

（1）打开"素材\项目4\任务3"文件夹下的素材，完成产品的视频剪辑效果。

（2）视频文案要与产品卖点相符合，文字排版方式要求美观、合理，字体颜色要求与主题符合，最后输出格式为".mp4"的视频文件，如图 4.s.1 所示。

图 4.s.1 最终效果

（3）对整个实训执行过程进行评价，特别是对字幕设计与排版、画面色彩效果、整体视频效果和职业素养这四项内容进行评价。评价主体包括实训本人、实训小组、指导教师及第三方，如表 4.s.8 所示。可以邀请"校中厂"的企业专业人员作为第三方参与评价。

表 4.s.8 实训过程评价表

评价项目	字幕设计与排版	画面色彩效果	整体视频效果	职业素养
评价等级	A. 优秀 B. 合格 C. 不合格	A. 优秀 B. 合格 C. 不合格	A. 优秀 B. 合格 C. 不合格	A. 大有提升 B. 略有提升 C. 没有提升
自己评价				
小组评价				
教师评价				
第三方评价				
总评	修改建议			

说明：

1. 表格内按评价等级进行评价；

2. 请企业专业人员、客户等专业人士作为第三方参与评价；

3. 评为不合格的由指导教师注明原因及修改建议。

4. 请你根据小明团队的推广步骤，利用抖音平台，推广前期合作实训中剪辑好的×××电煮锅产品短视频，并在短视频发布完毕后，对整个案例执行过程进行评价。具体要求如下。

（1）将"合作实训\项目4配套案例\视频素材"文件夹下的"任务4电煮锅"视频发布到短视频平台，完成产品的推广，如图4.s.2所示。

图4.s.2　×××电煮锅发布效果图

（2）视频推广文案要与产品卖点相符合。

（3）对整个案例执行过程进行评价，特别是对编辑推广文案、操作掌握程度、整体视频效果和职业素养这四项内容进行评价。评价主体包括实训本人、实训小组、指导教师及第三方，如表4.s.9所示。可以邀请"校中厂"的企业专业人员作为第三方参与评价。

表4.s.9　实训过程评价表

评价项目	编辑推广文案	操作掌握程度	整体视频效果	职业素养
评价等级	A. 优秀 B. 合格 C. 不合格	A. 优秀 B. 合格 C. 不合格	A. 优秀 B. 合格 C. 不合格	A. 大有提升 B. 略有提升 C. 没有提升
自己评价				
小组评价				
教师评价				
第三方评价				
总评	修改建议			

说明：

1．表格内按评价等级进行评价；

2．请企业专业人员、客户等专业人士作为第三方参与评价；

3．评为不合格的由指导教师注明原因及修改建议。

项目总结

　　通过本项目的学习，使学生从产品信息整理与分镜头脚本设计到产品短视频素材拍摄再到产品短视频剪辑和产品短视频推广都有了深入的了解与探究。本项目通过剪辑技巧的应用，把文案、声音与视频画面巧妙地结合在一起，突出产品卖点，有效地吸引用户的关注，然后在热门短视频平台发布产品短视频，从而达到商品推广的效果。

项目 5

人 机 互 动

项目概述

　　小明和小张是某职校工艺美术专业的学生，在校内的某文化传媒工作室顶岗实习，他们的工作任务是某茶吧机项目，包括产品信息整理与分镜头脚本设计、茶吧机短视频素材拍摄、茶吧机短视频剪辑、茶吧机短视频推广。

　　本项目要求根据产品特点以及客户的需求制订详细方案，依照工作流程，全面诠释从脚本设计到产品推广的整个流程，并且要突出产品的场景使用介绍；诠释产品舒适性和便捷性，同时把剪辑后的短视频上传到短视频平台进行推广。

项目目标

※　知识目标

　　了解常见的商业短视频项目洽谈过程；
　　了解常见的商业短视频的拍摄制作；
　　了解常见的商业短视频的剪辑；
　　了解常见的商业短视频的平台发布方法。

※　能力目标

　　学会整理和处理商品及客户信息；
　　掌握场景搭建和视频拍摄方法；
　　掌握 Pr 软件中修改 Lumetri 颜色参数、添加颜色遮罩、嵌套序列、添加过渡效果等操作方法。

※　素质目标

　　锻炼学生与企业的沟通能力；
　　提升学生对行业工作的了解；
　　树立学生正确的劳动价值观；
　　增强学生对民族品牌的认同感。

项目思维导图

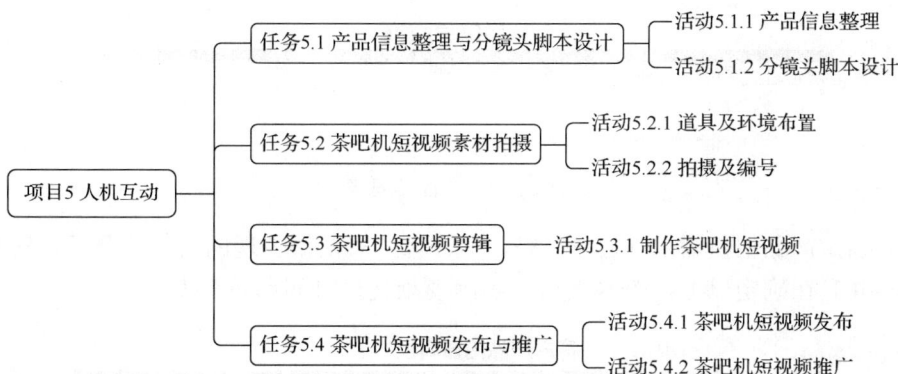

```
                    ┌─ 任务5.1 产品信息整理与分镜头脚本设计 ─┬─ 活动5.1.1 产品信息整理
                    │                                      └─ 活动5.1.2 分镜头脚本设计
                    │
                    ├─ 任务5.2 茶吧机短视频素材拍摄 ─┬─ 活动5.2.1 道具及环境布置
                    │                              └─ 活动5.2.2 拍摄及编号
  项目5 人机互动 ──┤
                    ├─ 任务5.3 茶吧机短视频剪辑 ── 活动5.3.1 制作茶吧机短视频
                    │
                    └─ 任务5.4 茶吧机短视频发布与推广 ─┬─ 活动5.4.1 茶吧机短视频发布
                                                      └─ 活动5.4.2 茶吧机短视频推广
```

任务 5.1 产品信息整理与分镜头脚本设计

本任务主要学习商业拍摄流程中，与客户（项目甲方）对接洽谈的过程。小明团队需要了解和掌握与客户对接的流程，确定产品短视频拍摄的方案，形成短视频分镜头脚本，明确项目的分工，并落实到具体责任人。

活动 5.1.1 产品信息整理

活动描述

本活动在教学过程中，通过邀请企业主管，采取学生提问、主管回答的方式来模拟与客户交流的场景，学生根据企业主管提供的信息，完成表格的填写，做好信息的整理。随后采取项目小组成员讨论方式，进一步深入了解产品，寻找样片，并与客户对接沟通，明确客户对视频的表现需求；之后落实拍摄任务分工，明确视频交付时间，并撰写分镜头脚本。

活动实施

（1）完成客户产品信息整理（图 5.1.1）。收集、整理好客户信息，了解产品的基本信息和客户信息，能保证及时沟通联系。

客户产品信息整理

序号	产品名称	企业名称	联系人	电话/微信	邮箱地址	企业地址
1	茶吧机					

图 5.1.1 客户产品信息表

（2）完成产品信息整理（图 5.1.2）。进一步掌握产品的详细信息，如样品图、规格、品类和特性等，为之后的脚本撰写、视频拍摄做好准备工作。

产品信息整理

序号	产品名称	样品图	规格	品类	特性	数量
1						

图 5.1.2　产品信息表

（3）确定产品拍摄需求（图 5.1.3）。了解客户对拍摄表现的需求和要求，客户的预算价位，并且在确定以上两个要点后，明确视频交付时间和负责人。

客户产品拍摄需求

序号	产品名称	价位	拍摄的表现需求	接单时间	交付时间	负责人

图 5.1.3　客户产品拍摄需求表

（4）学习了解签订合同的意义和重要性。通过提供的合同模板（图 5.1.4），掌握合同撰写要求和注意事项，最后完成合同的制作和签订。

中山市××文化传媒有限公司影视视频制作合同

委托方（以下简称甲方）：
身份证号码：
注册地址：
项目负责人：
制作方（以下简称乙方）：中山市××文化传媒有限公司

甲、乙双方在平等互利的基础上，甲方委托乙方就　　××泡茶壶　　视频拍摄与后期制作事宜达成一致意见。现为了明确双方的权利义务，双方根据《中华人民共和国合同法》和有关法律，订立本合同，以供双方共同遵守。

图 5.1.4　合同模板

（5）完成产品学习和客户沟通笔录，落实好项目分工。查找相关样品图和视频案例，学习和总结其特点，并与客户进行沟通或者在小组内部进行讨论，形成笔录，如图 5.1.5 所示。

产品学习\客户沟通笔录

序号	产品名称	负责人	样品图	参考案例网址	特点及启发	客户沟通或内讨论	备注
1		项目总负责人： 分镜负责人： 拍摄负责人：					
2							
3							
4							
5							

图 5.1.5　产品学习和客户沟通表

🎥 **活动小结**

本活动通过模拟与客户交流的场景，学生们成功完成了产品信息的收集和整理，深入了解了产品的细节，明确了客户的拍摄需求，掌握了合同的重要性，并落实了项目分工。这一实践过程不仅锻炼了学生们的沟通和协作能力，也为他们将来进入行业工作打下了坚实的基础。

活动 5.1.2 分镜头脚本设计

🎥 **活动描述**

本活动主要是制定产品的拍摄方案。要求根据与客户沟通的结果、产品的学习来确定产品卖点和视频的表现方式，形成拍摄文案要点；根据拍摄文案，撰写出拍摄的分镜头脚本。

🎥 **活动实施**

1．产品学习，形成拍摄文案

有效宣传产品可以引起消费者的购买欲望，从而实现购买，促进商品销售。

首先，集中茶吧机产品短视频制作项目的参与人，对照产品安装说明书和使用说明书等资料，共同使用茶吧机样品进行学习，在使用的过程中理解客户的要求及客户的表达要点。

其次，学习电商平台中与茶吧机相关的产品案例，并深度提炼出茶吧机的卖点，整理出拍摄文案要点。可以参考淘宝、京东、拼多多等电商平台中同类型产品的短视频，学习该短视频的拍摄要点、卖点表达方式、道具、场景要求、模特展示等，然后深度提炼出茶吧机的卖点，再结合创意想法，整理成初步的拍摄文案要点，文案要与产品相符，能完整地将品牌形象、产品功能阐述出来。

2．分镜头细分流程

分镜头是指将拍摄文案图解化，用来描述拍摄文案的内容，方便观察和理解。分镜头细分是将连续画面以一次运镜为单位作分解，并且标注运镜方式、时长、对白、特效等。分镜头细分了拍摄流程，包括镜头号、参考画面、场景、景别、镜头方式、角度、内容、文案/台词、时间和准备工作等。

3．撰写分镜头脚本

撰写分镜头脚本时应结合客户对视频的表现要求，注重突出产品的卖点，说明现场模特和场景的使用，最终制作出一条客户既满意，又能有效地吸引用户关注的视频，从而达到提高商品的销售量和转换率的目的，如图 5.1.6 所示。

镜头号	参考画面	场景（棚/实）	景别	镜头方式（固定/运动）	角度（平/俯/仰）	内容	文案/台词	时间	准备工作/备注
制作总表——茶吧机分镜					文案团队负责人：				
1		实景	全景	从左到右		封面			
2		实景	近景	从右到左		拍摄机台座	双壶配置（重点两个壶）		
3		实景	特写	固定		拍摄烧水壶	304不锈钢双层防烫		
4		实景	特写	从左到右		拍摄保温壶(里面加上茶叶)	高硼硅玻璃水壶 耐热性好 底盘恒温保温55度		
5		实景	近景	从右到左	俯视	拍摄触控面板(俯拍)	智能触控按键		
6		实景	特写	固定	俯视	女主的手触碰开关			

图 5.1.6　分镜头脚本

小提示

在产品学习活动中，引入"华为的故事"和"中国航天"两个短视频，宣传中国高科技的产品，激发学生的爱国情怀。

活动小结

本活动通过与企业主管的问答，学生整理了相关表格信息，了解和掌握了商业拍摄的洽谈方式，以及需要掌握什么信息；接着落实好了分工，确定了负责人，并明确了完成时间；最后签订了合同以保障自身权益。另外，通过进一步与客户的沟通，明确了视频拍摄的表现效果，同时根据客户需求和产品卖点等，撰写好了分镜头脚本。最后明确了整个项目的分工，为后续的拍摄做好了准备工作。

任务 5.2　茶吧机短视频素材拍摄

本任务主要通过开展道具及环境布置、拍摄及编号两个活动来完成茶吧机产品短视频素材的拍摄。通过拍摄模特使用产品时的场景，以展示茶吧机产品的便捷性和其他特点，突出产品卖点，呈现良好的居家使用感，为后期剪辑提供素材。

活动 5.2.1　道具及环境布置

📹 **活动描述**

短视频的拍摄前期要求按照文案和分镜头脚本准备相关道具及布置拍摄环境，以便保质保量地完成素材的拍摄。本活动要求根据茶吧机的拍摄方案和分镜头脚本进行道具摆放和灯光布置，打造一个舒适的居家环境，以烘托出模特使用产品时的舒适惬意。

📹 **活动实施**

（1）本次拍摄的产品为茶吧机，为了展示产品的使用过程，需要准备水、茶叶、茶壶和茶杯等道具，杯子最好用透明的，可以更直观地看到泡茶的整个过程，如图 5.2.1 所示。

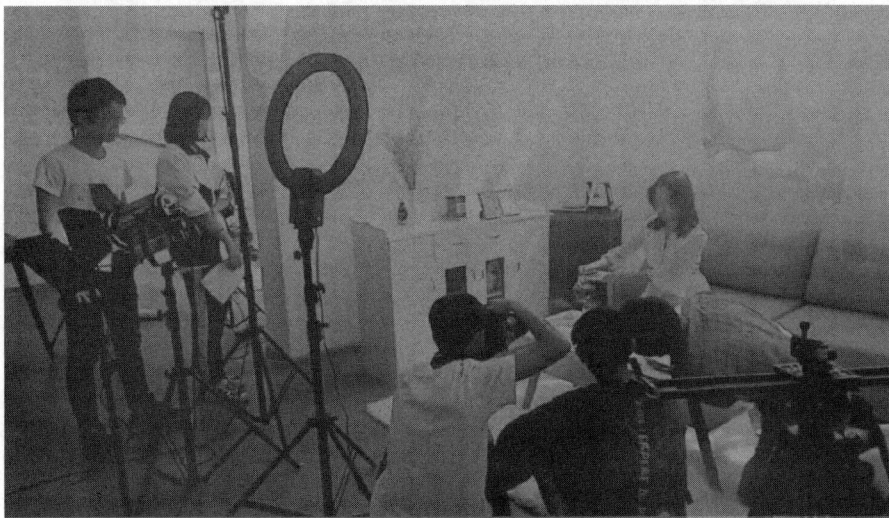

图 5.2.1　道具展示

（2）同时为了打造一个休闲舒适的情景，需要准备一些杂志供模特进行翻阅，并且在环境中布置一些精致的居家小配件，如图 5.2.2 所示。

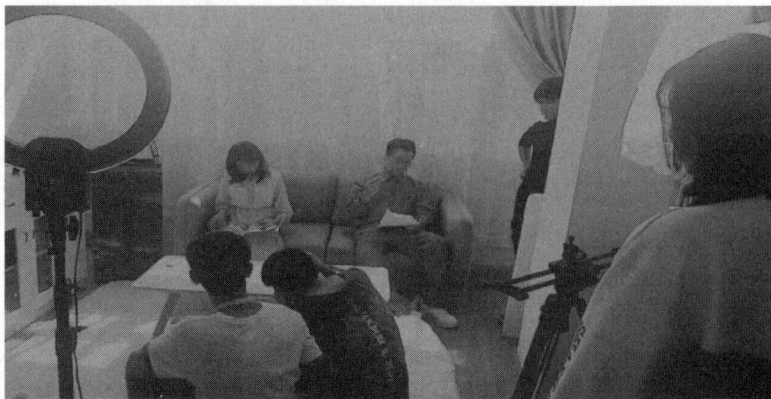

图 5.2.2　模特观看杂志道具

（3）灯光布置方面，采用正面左右 45°各配置一盏聚光灯并俯射，用于为模特以及环境进行补光；同时，使用直播补光灯正面为模特进行细致补光或者美颜，如图 5.2.3 所示。需要注意，聚光灯应套上柔光罩，以使光线更加柔和、舒适。

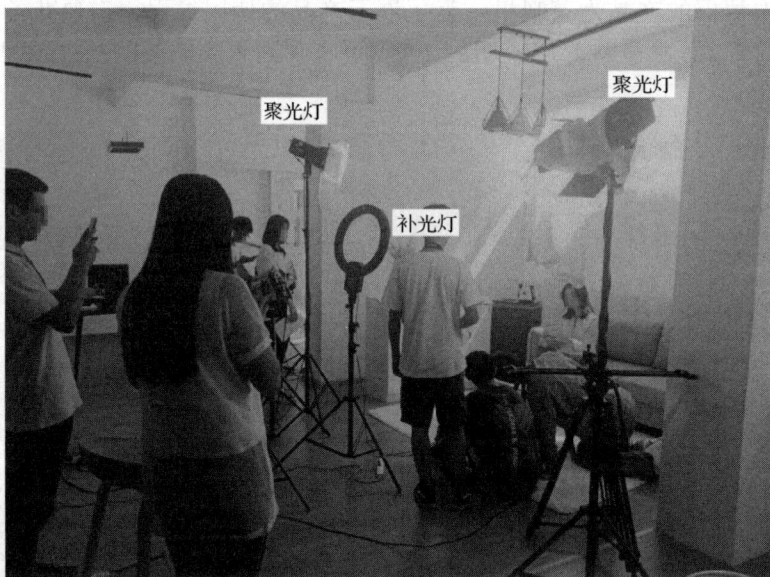

图 5.2.3　现场灯光布置

活动小结

本活动根据茶吧机的拍摄需求，精心准备了相关道具并布置了拍摄环境。通过摆放水、茶叶、茶壶和透明茶杯等道具，直观地展示了茶吧机的使用过程。同时，为了营造舒适的居家氛围，还准备了杂志和居家小配件，使模特在镜头前展现得更加自然。在灯光布置上，巧妙运用聚光灯和直播补光灯，确保了画面明亮、柔和。整个拍摄过程紧张有序，道具和环境的准备为视频素材的高质量完成奠定了坚实的基础。

活动 5.2.2　拍摄及编号

活动描述

本活动中，短视频在拍摄前需要所有参与人员进行拍摄思路的沟通，以便提高拍摄效率；拍摄过程中需要总负责人和拍摄负责人进行拍摄的掌控，保证达到目标效果；拍摄完成后需对视频进行整理汇总，为短视频的后期剪辑制作做好准备。

活动实施

1．沟通拍摄思路

拍摄小组人员提前与团队沟通，确认并了解整个短视频的思路流程，确认可同一时间拍摄的镜头，安排好拍摄流程，以节约素材拍摄时间，提高效率。

2．视频拍摄

在场景准备好后，就可以按照分镜头脚本进行试镜，为了达到最佳的拍摄效果，拍摄过程中也需要及时跟团队进行沟通。

拍摄过程中需要拍摄负责人根据分镜头脚本落实每个镜头号的拍摄，并且景别、运动镜头等需要落实到位。每拍完一个镜头，要做好记录，如图 5.2.4 所示。

镜头号	参考画面	场景（棚/实）	景别	镜头方式（固定/运动）	角度（平/俯/仰）	内容	文案/台词	时间	准备工作/备注
							制作总表——茶吧机分镜	拍摄团队负责人：	
1		实景	全景	从左到右		封面			√
2		实景	近景	从右到左		拍摄机台座	双壶配置		√
3		实景	特写	固定		拍摄烧水壶	304不锈钢双层防烫		√
4		实景	特写	从左到右		拍摄保温壶(里面加上茶叶)	高硼硅玻璃水壶 耐热性好 底盘恒温保温55度		√
5		实景	近景	从右到左	俯视	拍摄触控面板(俯拍)	智能触控按键		√

图 5.2.4　做了记录的分镜头脚本

3．视频编号

视频拍摄完成后，需要拍摄负责人对所有视频进行整理并初步挑选，做好编号和归档，以便后期剪辑工作开展，如图 5.2.5 所示。

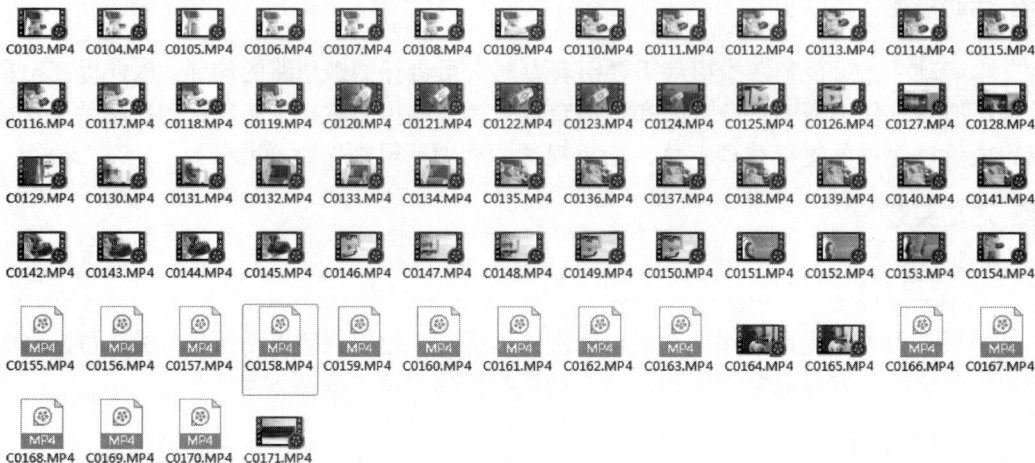

C0103.MP4 C0104.MP4 C0105.MP4 C0106.MP4 C0107.MP4 C0108.MP4 C0109.MP4 C0110.MP4 C0111.MP4 C0112.MP4 C0113.MP4 C0114.MP4 C0115.MP4

C0116.MP4 C0117.MP4 C0118.MP4 C0119.MP4 C0120.MP4 C0121.MP4 C0122.MP4 C0123.MP4 C0124.MP4 C0125.MP4 C0126.MP4 C0127.MP4 C0128.MP4

C0129.MP4 C0130.MP4 C0131.MP4 C0132.MP4 C0133.MP4 C0134.MP4 C0135.MP4 C0136.MP4 C0137.MP4 C0138.MP4 C0139.MP4 C0140.MP4 C0141.MP4

C0142.MP4 C0143.MP4 C0144.MP4 C0145.MP4 C0146.MP4 C0147.MP4 C0148.MP4 C0149.MP4 C0150.MP4 C0151.MP4 C0152.MP4 C0153.MP4 C0154.MP4

C0155.MP4 C0156.MP4 C0157.MP4 C0158.MP4 C0159.MP4 C0160.MP4 C0161.MP4 C0162.MP4 C0163.MP4 C0164.MP4 C0165.MP4 C0166.MP4 C0167.MP4

C0168.MP4 C0169.MP4 C0170.MP4 C0171.MP4

图 5.2.5　整理后的视频素材

4．补拍素材

当整理素材的过程中，若发现不符合脚本的镜头，需要及时进行补拍，如图 5.2.6 所示。

C0216.MP4 C0217.MP4 C0218.MP4 C0226.MP4 C0227.MP4 C0228.MP4 C0229.MP4 C0230.MP4 C0231.MP4

图 5.2.6　补拍视频

知识加油站

拍摄角度包括拍摄高度、拍摄方向和拍摄距离。拍摄高度分为平拍、俯拍和仰拍三种；拍摄方向分为正面角度、侧面角度、斜侧角度、背面角度等；拍摄距离是决定景别的元素之一。在拍摄现场选择和确定拍摄角度是摄影师的重点工作，不同的角度可以得到不同的造型效果，具有不同的表现功能。

活动小结

本活动通过茶吧机现场的拍摄，应掌握如何配置道具和根据产品打造拍摄环境，同时应掌握如何把分镜头脚本中的每个镜头号都准确地拍摄出来，并且要明白拍摄团队在现场沟通与协调的重要性。

任务 5.3　茶吧机短视频剪辑

本任务主要通过视频展示产品卖点，吸引并打动顾客消费。视频剪辑制作从表现产品功能着手，以展示产品特点及优势为出发点，配合模特场景的使用搭配，辅助合适的文字动画及图形动画，突出产品卖点。

活动 5.3.1　制作茶吧机短视频

活动描述

本活动要求视频内容体现模特场景的使用，让观看的顾客有代入感，感受到茶吧机的方便、好用。同时在展示产品的核心卖点和设计特点时，使用适当的文字进行标注，展示产品细节部分时要求尽可能详细、突出。视频配乐要符合视频画面风格，营造氛围。

活动实施

茶吧机短视频的最终效果如图 5.3.1 所示。

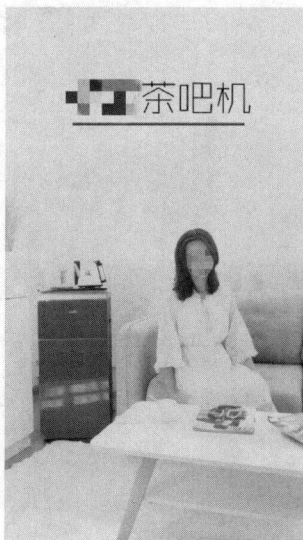

图 5.3.1　最终效果

（1）启动 **Pr** 软件，新建项目并新建序列，通过"设置"面板更改视频为"1080×1920，30fps"的合成序列，并命名为"××茶吧机短视频"，如图 5.3.2 和图 5.3.3 所示。

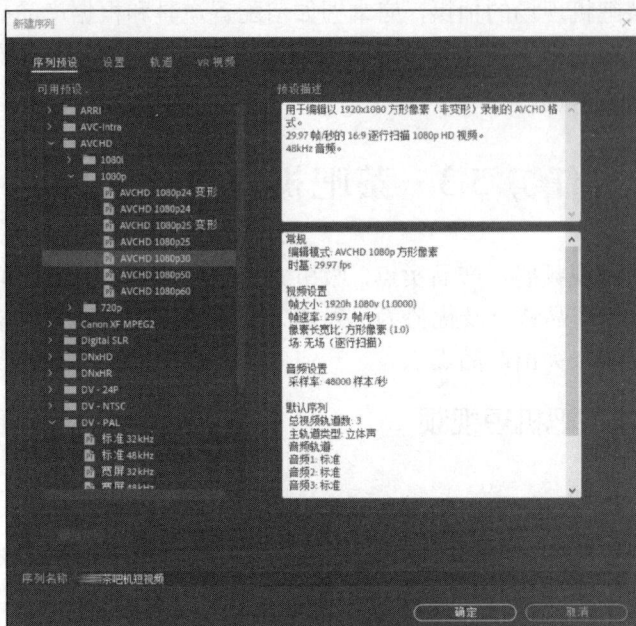

图 5.3.2 新建序列

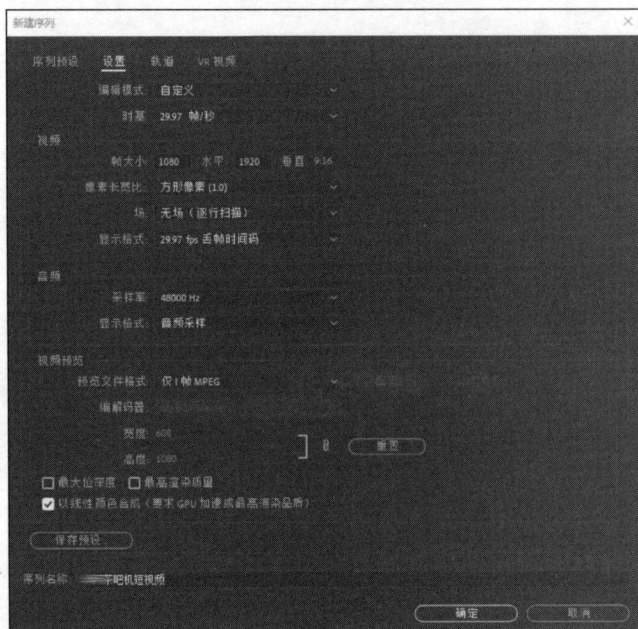

图 5.3.3 更改视频比例

（2）在"项目"面板中双击打开"素材\项目 5\任务 3"文件夹下的素材，以文件夹的形式导入视频素材，如图 5.3.4 所示。

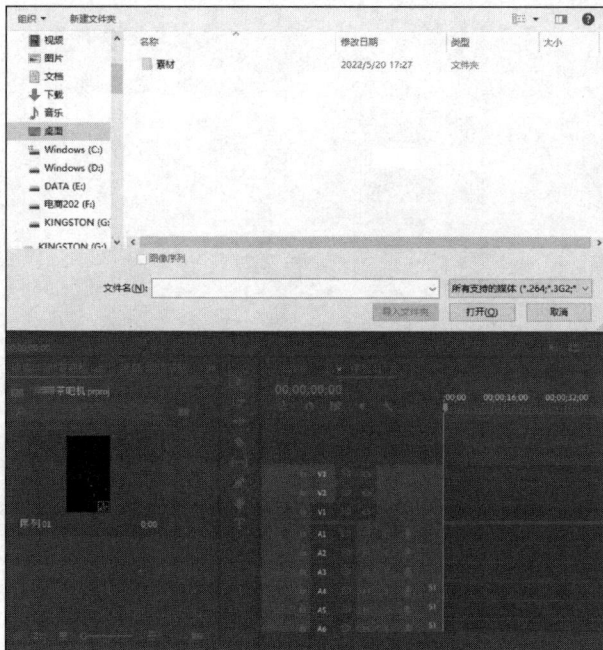

图 5.3.4 导入视频素材文件夹

（3）根据分镜头脚本，挑选合适的第一段视频，将其拖入"××茶吧机"时间线上，如图 5.3.5 所示。然后在预览面板中设置"效果控件"→"fx 运动"中的"旋转"参数为-90°，如图 5.3.6 所示。

图 5.3.5 将视频素材拖入到时间线上

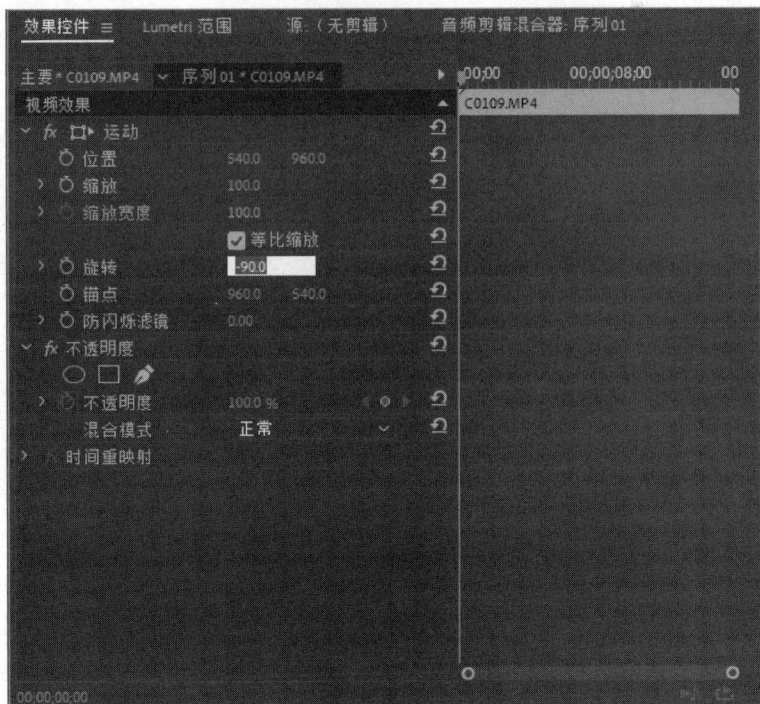

图 5.3.6　更改"旋转"参数

（4）使用剃刀工具对视频进行裁剪并删除多余部分，只保留合适的画面和时间长度，如图 5.3.7 所示。

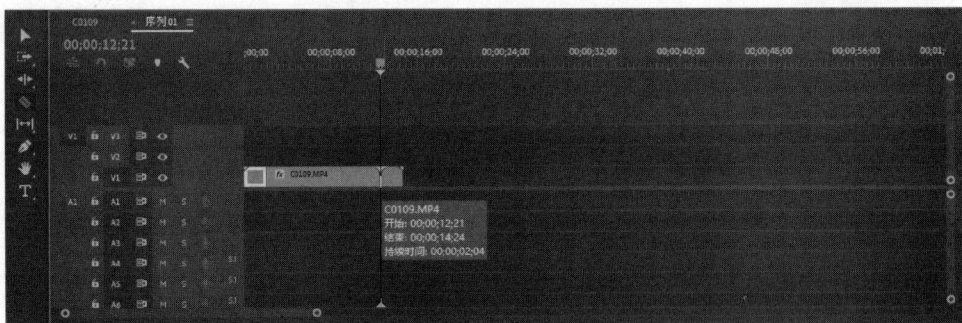

图 5.3.7　利用剃刀工具对视频裁剪

（5）选中视频，将软件的工作区切换为"颜色"工作区，在"Lumetri 颜色"面板中调整"曝光"为 0.2，"对比度"为 33.7，"高光"为 39.8，"阴影"为-9.5，"白色"为-40.1，"黑色"为 7.2，如图 5.3.8 所示。调整完毕之后，播放预览视频画面效果，也可以根据个人喜好，进行其他参数的细微调整。

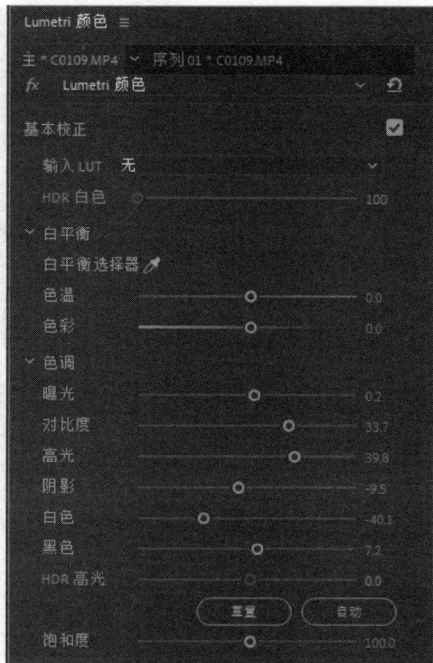

图 5.3.8 调整视频的颜色参数

（6）根据分镜头脚本顺序把其他部分的视频按照步骤（3）～（5）的操作进行裁剪和调色，最终完成视频处理，如图 5.3.9 所示。

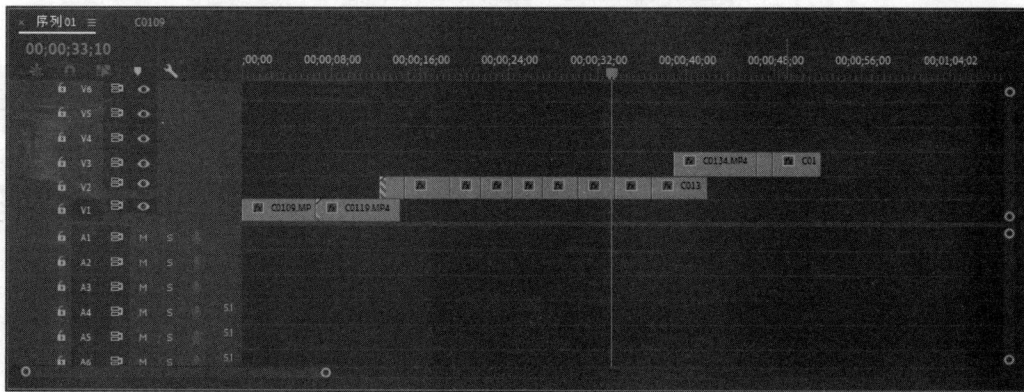

图 5.3.9 完成全部视频处理

（7）制作片尾。首先在菜单栏中选择"文件"→"新建"→"颜色遮罩"→"白色"命令，制作底色块，并拖到时间线上；然后导入"品牌 logo"素材，拖到"颜色遮罩"轨道的上方；最后调整它们的持续时间，如图 5.3.10 所示。

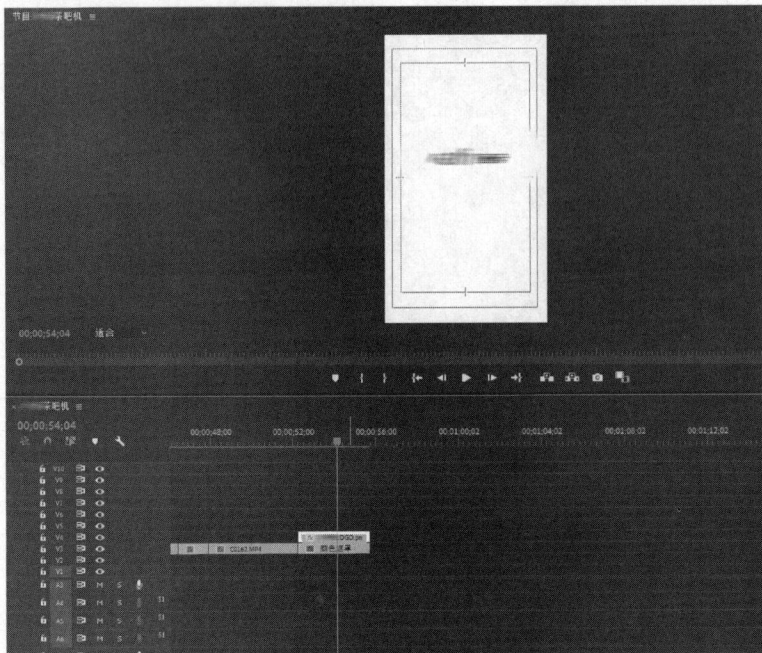

图 5.3.10　新建"颜色遮罩"和导入 logo

（8）按住鼠标左键拖动，同时选中 logo 和颜色遮罩，然后右击，选择"嵌套"命令，在弹出的对话框中可以修改嵌套的名称，完成后单击"确定"按钮，如图 5.3.11 所示。

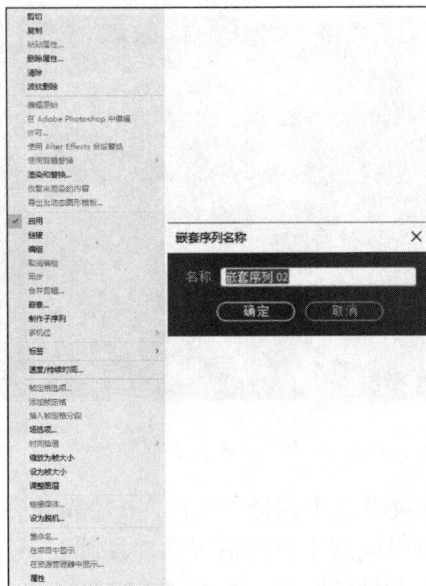

图 5.3.11　添加"嵌套"序列

（9）将工作区切换回"效果"工作区，在视频过渡效果中，找到"溶解"→"交叉溶解"效果，并将其拖给时间线上的"嵌套"序列，并调整过渡参数，从而添加视频过渡效果，如图 5.3.12 所示。

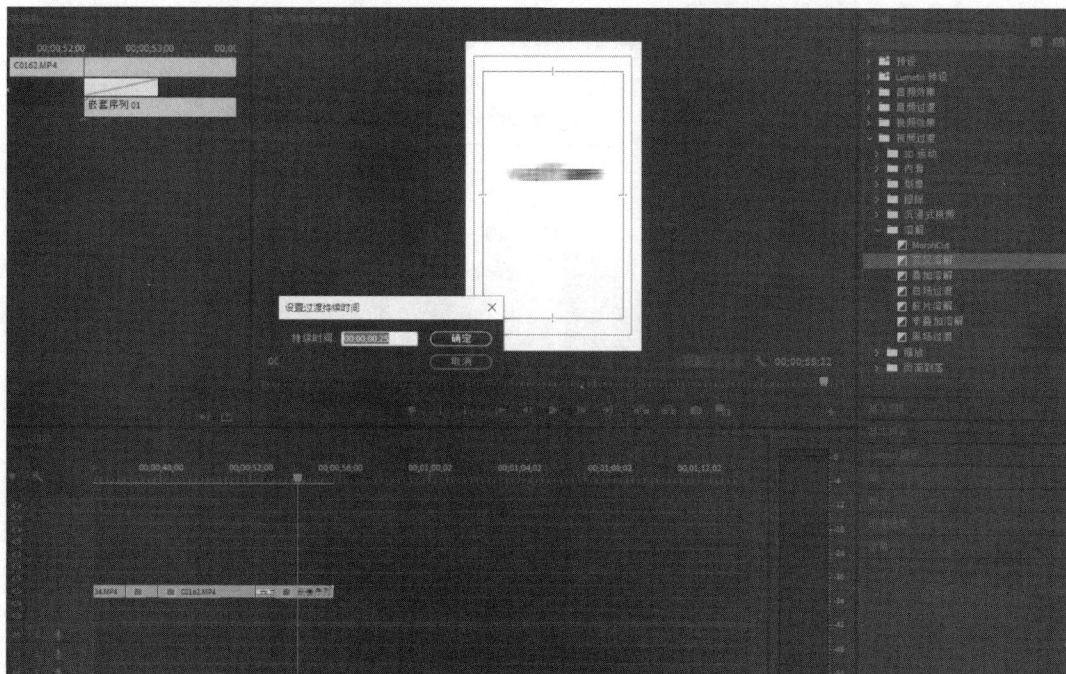

图 5.3.12　添加视频过渡效果

（10）添加视频标题。导入视频标题素材，并拖到时间线上，将其作为单独一个轨道，如图 5.3.13 所示。在本案例中，已使用 After Effects 软件提前制作好了动态标题。

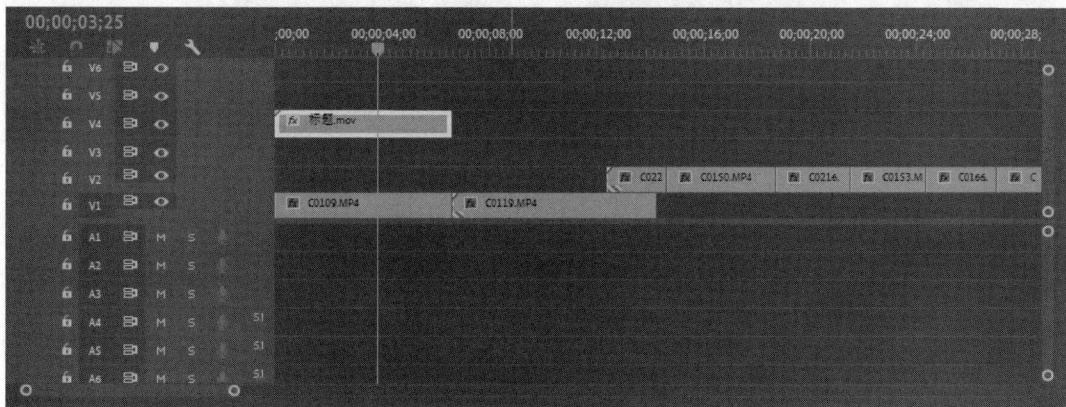

图 5.3.13　添加视频标题

（11）选中标题视频，通过修改"效果控制"面板中的"位置"参数，调整视频的位置到"正上方居中"，并调整其时间长度跟轨道 1 中的第一段视频对齐，如图 5.3.14 所示。

图 5.3.14　调整视频标题

（12）导入"茶吧机字幕"文件夹，然后根据文件夹提供的字幕内容，将字幕文件放置在合适的视频画面上，并调整字幕出现的时间长度，对字幕出现的位置进行排版，使其构图更加合理，画面更加协调。添加完字幕之后的视频效果如图 5.3.15 所示。在本案例中，已使用 After Effects 软件提前制作好了动态字幕，增加了视频的动感和画面颜色的协调性。

图 5.3.15 添加字幕

（13）添加完字幕之后，根据视频画面添加合适的背景音乐，使视频更加完整，观看起来更加舒心，如图 5.3.16 所示。

（14）至此，整个短视频已经制作完成，播放预览整体效果，进行细微调整，确认无误后在"时间线"面板中按快捷键 Ctrl+M，将视频文件输出为"××茶吧机短视频.mp4"。

图 5.3.16　添加音效

知识加油站　▶

　　在使用 Pr 软件剪辑视频时，要尽量使用快捷键来提升剪辑的速度和效率，如剃刀工具的快捷键为 C。另外，可以调整 Pr 软件的工作区域，得到适合自己的工作界面。

📹 活动小结

　　本活动通过对视频剪辑，完整地展示了模特使用茶吧机的应用场景，很好地表现出舒适、方便的使用感受；并通过特写镜头对产品的功能和卖点一一展现，以吸引顾客；配合动态标题和字幕，使得画面更加生动。视频整体效果非常不错，达到了客户的要求。

任务 5.4　茶吧机短视频发布与推广

　　本任务要求把制作好的茶吧机短视频，上传到合适的短视频平台进行推广。本任务主要学习短视频平台发布短视频的步骤与技巧，并掌握短视频发布的最佳时间段。

活动 5.4.1　茶吧机短视频发布

活动描述

本活动中，小明团队在完成茶吧机短视频制作之后，准备在抖音平台上进行发布和推广，从而达到宣传产品和介绍茶吧机卖点的目的。整个过程中，需要小明团队在标题、封面图、话题、热词等核心推广要点上下足功夫，以期获得更多的流量展现视频。

活动实施

在抖音平台发布茶吧机短视频后的最终效果如图 5.4.1 所示。

（1）打开抖音应用程序，进入首页后，单击下方的加号，如图 5.4.2 所示。

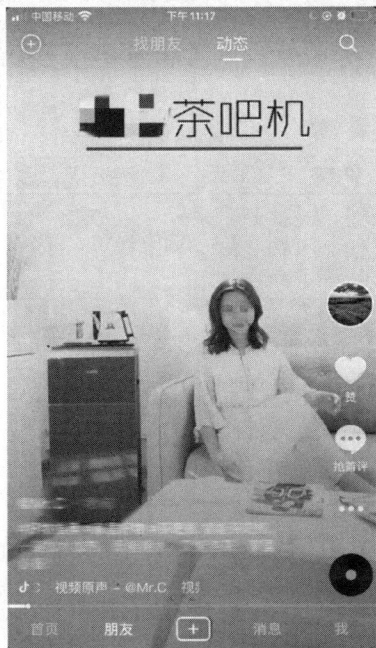

图 5.4.1　最终效果

图 5.4.2　进入抖音应用程序

（2）进入拍摄页面后，单击"相册"，如图 5.4.3 所示。

（3）选择好视频后，单击"下一步"按钮，如图 5.4.4 所示。

（4）进入编辑页面，完成信息编辑，如图 5.4.5 所示。

（5）编辑标题信息。在发布短视频时，可以使用一些之前热门视频中经常用到的关键词或者是话题，以此来帮助抖音算法能够抓取到数据，更准确地理解你发布的内容，如图 5.4.6 所示。

图 5.4.3 进入相册

图 5.4.4 选中视频

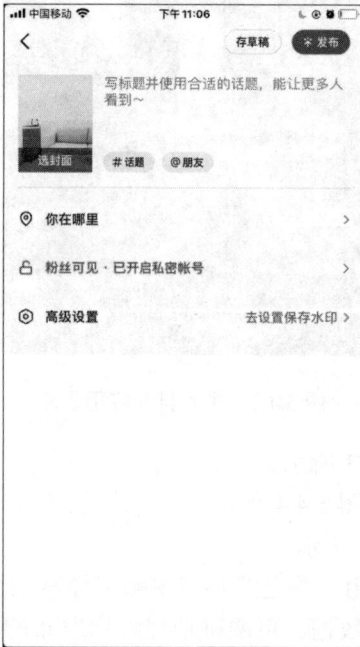

图 5.4.5 进入编辑界面

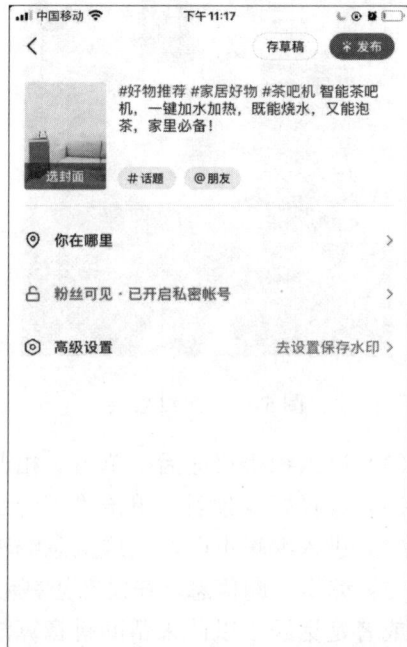

图 5.4.6 编辑标题信息

（6）选择封面，并且可以设置封面的标题和样式等，封面可以自己设计，也可以取自视频中的某一个画面，如图 5.4.7 所示。封面最大的作用就是吸引粉丝来观看视频，封面做得好，可以提升精准流量来帮助自己涨粉。

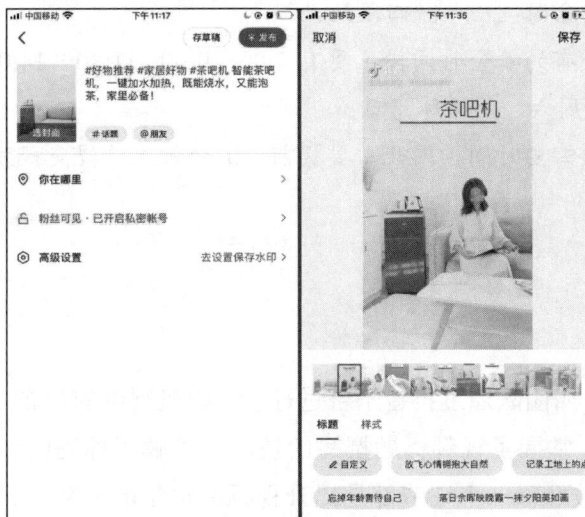

图 5.4.7　设置封面

（7）完成以上关键步骤后，单击"发布"按钮，便可以成功发布短视频，如图 5.4.8 所示。

图 5.4.8　发布视频

知识加油站 ▶

短视频发布黄金时间——"四段两天"

短视频作品发布的黄金时间段主要有 7:00—9:00、11:30—14:00、17:30—19:00、21:00—22:30 以及周六、周日休息日。

同时平台审核需要时间，因此需要提前 30 分钟上传提交视频，才能保证在黄金时间上架视频。

📹 活动小结

在本活动中，小明团队通过抖音平台进行了茶吧机视频的发布，掌握了在抖音平台上发布视频的流程，掌握了视频标题撰写的技巧，了解了标题的作用，掌握了封面的设置技巧，明白了做好每一个细节都是提升视频浏览量的关键，初步达到了视频发布的目标。

活动 5.4.2　茶吧机短视频推广

📹 活动描述

在短视频平台发布茶台机短视频后，为了进一步对其推广宣传，本活动采用自定义定向推荐。使用自定义定向推荐之前，要了解用户画像，了解目标客户的年龄、性别、地域、兴趣等，进而把短视频推广到相应抖音短视频的类目中，或寻找目标客户平时关注的达人协助推广。

📹 活动实施

（1）用任意一个推广的抖音账号打开茶吧机短视频。

（2）单击短视频右下角的"分享"按钮，如图 5.4.9 所示。

（3）单击 DOU+"帮上热门"按钮，如图 5.4.10 所示。

（4）在"把视频推荐给潜在兴趣用户"中，选中"自定义定向推荐"单选按钮，如图 5.4.11 所示。

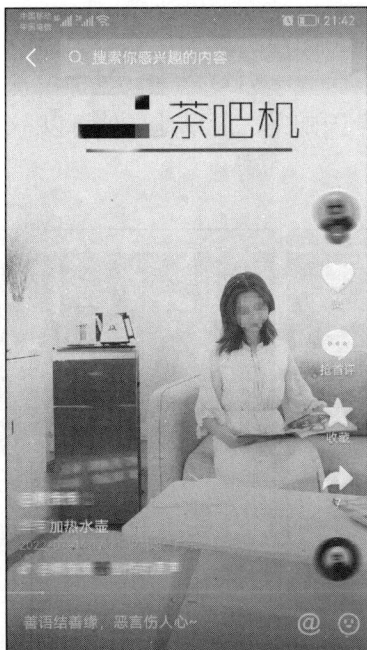

图 5.4.9 分享界面

图 5.4.10 单击 DOU+"帮上热门"按钮

图 5.4.11 定向推荐

（5）根据分析和调查，这款茶吧机家用占比较大，而且大多数是女性购买，因此把目标客户选定为有家庭的已婚妇女。选择目标客户的性别：女性；年龄：24～30 岁、31～40 岁和 41～50 岁。因为茶吧机是实物产品，可以全国邮寄，所以地域处可以不选，如图 5.4.12 所示。

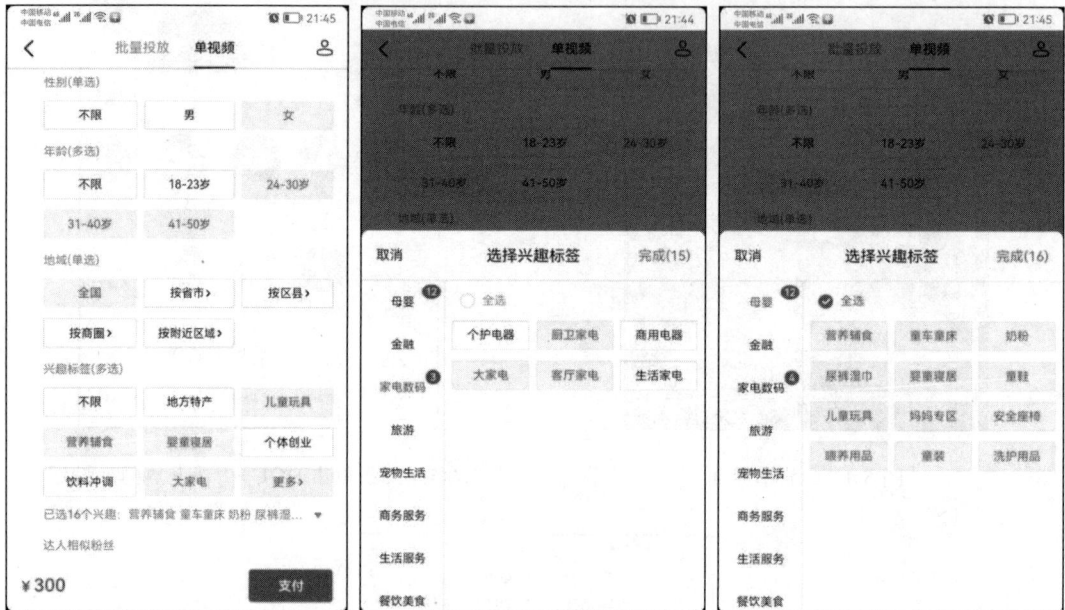

图 5.4.12　兴趣标签选择

知识加油站 ▶

兴趣标签选择家用数码类和母婴类。当然兴趣标签可以适当增加除本身产品的类目外，目标客户可能感兴趣的类目，不过增加的类目越多，可能客户范围就越大，越不精确。

（6）选择投放金额后即可开始投放。DOU+最低投放金额为 100 元，刚开始投放时，选择"自定义"100 元，如果指标数据好再增加投放金额，如图 5.4.13 所示。

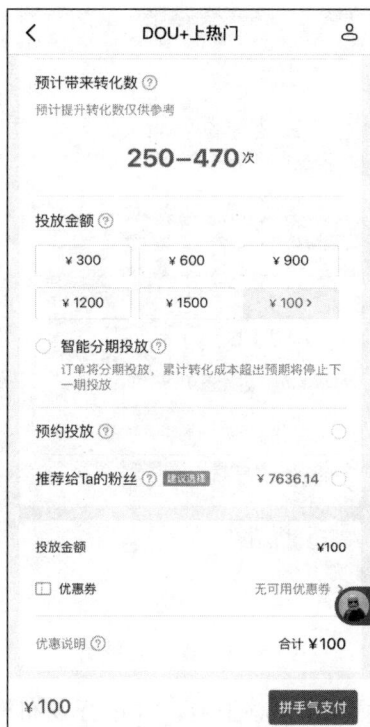

图 5.4.13 投放金额设置

📽️ **活动小结**

本活动主要学习 DOU+方法中的自定义定向推荐，根据用户画像调研结果，在投放时可以自己选择用户的性别、年龄、地区、兴趣等多种标签来推荐。这种方式能把茶吧机短视频直接推广到目标用户中，可以大幅度提升用户的转化率。

🎬 合 作 实 训

请你根据小明团队制作茶吧机短视频的整个流程，完成合作实训项目"电烤箱"的视频制作，并对整个案例执行过程进行评价。要求如下：

（1）打开"素材\项目 5"文件夹下的素材，完成客户产品信息整理表、产品信息整理表、产品学习和客户沟通笔录表等表格的填写，完成产品信息收集、任务分工及分镜头脚本创作。

（2）根据提供的"电烤箱"视频素材以及参考样片，利用 Pr 软件进行视频剪辑，要求突出产品的卖点和特点，最后输出格式为.mp4 的视频文件，如图 5.s.1 所示。

图 5.s.1　视频效果图

（3）上传"电烤箱"视频到短视频平台，并进行发布推广。

根据活动完成过程及结果进行评价，如表 5.s.1 所示。

表 5.s.1　实训过程评价表

评价项目	标题创意	封面制作	发布结果	职业素养
评价等级	A．优秀 B．合格 C．不合格	A．优秀 B．合格 C．不合格	A．优秀 B．合格 C．不合格	A．大有提升 B．略有提升 C．没有提升
自己评价				
小组评价				
教师评价				
第三方评价				
总评	修改建议			

说明：

1．表格内按评价等级进行评价；

2．请企业专业人员、客户等专业人士作为第三方参与评价；

3．评为不合格的由指导教师注明原因及修改建议。

项目总结

通过本项目的学习，使学习小组体会到进行短视频商业拍摄时，要想制作出一条令客户满意的视频，就要注重与客户沟通，把握和理解客户的需求信息，并向客户表达如何在视频中表现出来。本项目也学习了如何确定视频方案，撰写分镜头脚本，然后通过视频拍摄、剪辑，把产品卖点与模特场景应用巧妙地搭配以吸引顾客注意，从而制作出一条达到商业推广效果的视频。本项目最后学习了如何通过短视频平台来推广视频。

项目 6

实 体 探 店

项目概述

　　小张是某职校数字媒体专业的学生，在中山市某文化传媒工作室顶岗实习。近年来，自媒体短视频异军突起，探店类短视频内容实用，风格亲民，赢得了众多网友喜爱，工作室也制定了以实体探店为首要目标的任务方案。

　　本项目要求根据实体探店的内容特点以及店铺推广的需求详细制作方案，依照工作流程，全面诠释从脚本设计到探店推广的全制作方法。本项目突出脚本设计和拍摄手法的应用，视频剪辑让探店视频更有故事性，彰显店铺品质。同时把剪辑后的短视频上传到短视频平台及店铺进行推广。这样的探店短视频就是把配文、声音与视频通过设计手法、画面转场等手段，将声与像巧妙地结合在一起，有效地吸引用户的关注，从而达到提高店铺的客流量和销售额的目的。

项目目标

※　知识目标

　　了解常见的探店短视频分镜头脚本设计、拍摄、剪辑及推广流程；
　　学会制作常见的探店短视频。

※　能力目标

　　掌握 Pr 软件的剪辑、视频过渡、视频效果应用、速度/持续时间等功能；
　　掌握短视频的文字排版方式。

※　素质目标

　　提升自我审美观和表演能力；
　　增强自主探究的学习意识；
　　增强拍摄创新创意的意识。

项目思维导图

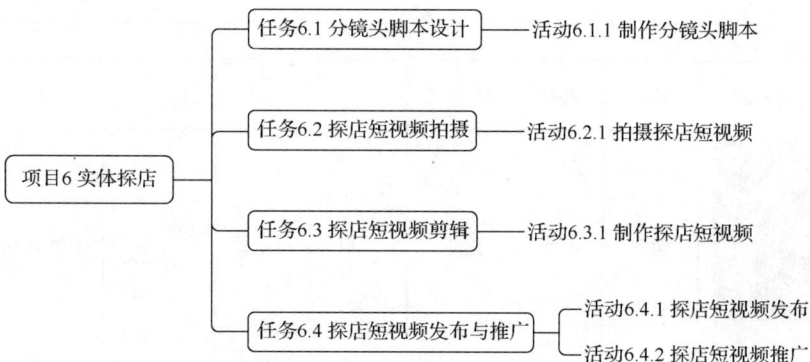

```
                          ┌─────────────────────┐  ┌──────────────────────┐
                          │ 任务6.1 分镜头脚本设计 │──│ 活动6.1.1 制作分镜头脚本 │
                          └─────────────────────┘  └──────────────────────┘

                          ┌─────────────────────┐  ┌──────────────────────┐
                          │ 任务6.2 探店短视频拍摄 │──│ 活动6.2.1 拍摄探店短视频 │
  ┌──────────────┐        └─────────────────────┘  └──────────────────────┘
  │ 项目6 实体探店 │────
  └──────────────┘        ┌─────────────────────┐  ┌──────────────────────┐
                          │ 任务6.3 探店短视频剪辑 │──│ 活动6.3.1 制作探店短视频 │
                          └─────────────────────┘  └──────────────────────┘

                          ┌──────────────────────┐ ┌──────────────────────┐
                          │ 任务6.4 探店短视频发布与推广│─│ 活动6.4.1 探店短视频发布 │
                          └──────────────────────┘ ├──────────────────────┤
                                                    │ 活动6.4.2 探店短视频推广 │
                                                    └──────────────────────┘
```

任务 6.1　分镜头脚本设计

本任务主要通过分镜头脚本设计来实现探店短视频拍摄制作，分镜头脚本设计不单单在视频拍摄前期这一阶段中极为重要，在视频的后期制作中，分镜头脚本也是制作依据。

活动 6.1.1　制作分镜头脚本

活动描述

分镜头脚本设计是探店短视频中的必要一环。本活动主要是通过场景、镜头、台词等描述，结合店铺的特点特性，撰写分镜头脚本。

活动实施

1. 分镜头解构

分镜头是指将拍摄文案图解化，用来描述拍摄文案的内容，方便观察和理解。将连续画面以一次运镜为单位进行分解，并且标注运镜方式、时长、对白、特效等。分镜头细分了拍摄流程，包括镜头号、参考画面、场景景别、镜头方式、角度、内容、文案/台词、时间、准备工作等。

2. 撰写脚本

细化分镜头脚本时，应注意拍摄镜头根据拍摄文案而定，因此文案思路要正确，否则会影响整个短视频想要表达的效果。分镜头脚本的撰写格式如表 6.1.1 所示。

表 6.1.1　探店短视频拍摄分镜头脚本

拍摄文案梗概：探店活动

拍摄团队：负责人、成员名单

镜头号	参考画面	场景	景别	镜头方式	角度	内容	文案/台词	时间	准备工作/备注
1		实景	中景	运动	平视	人物向前走动说话	有很多人问我……	上午 10:00	粤语台词

说明：

场景是指棚景或者实景；

景别是指远景、全景、中景、近景或特写；

镜头方式指的是固定镜头或运动镜头；

角度指的是平视、俯视或仰视。

3．导演小组审核

由导演小组审核分镜头脚本，核查拍摄的可能性。审核通过后，才能初步使用。

📹 活动小结

本活动通过分镜头脚本的设计，用画面全方位地说明了探店视频剧本的内容，清楚明白地把视频拍摄步骤表现了出来，为后续探店短视频的拍摄和剪辑奠定了基础。

任务 6.2　探店短视频拍摄

本任务要求按照分镜头脚本进行素材拍摄。创作团队亲自到实体店中探访与体验，并向用户展示店内环境、经营理念和消费体验。拍摄探店短视频素材可以更加精准地锁定用户，使用户如同亲临现场一样，为后期视频剪辑提供素材。

活动 6.2.1　拍摄探店短视频

📹 活动描述

短视频拍摄设备正变得越来越轻量化，竖屏观看新习惯的养成，也使家用相机取代广播级摄像机的速度进一步加快，家用相机逐渐成了短视频行业的标配。各类常用辅助工具也不断推陈出新。本活动主要学习探店短视频拍摄的要点。

活动实施

1．拍摄道具

拍摄团队根据分镜头脚本准备道具，包括单反/微单相机、三脚架、云台稳定器、灯光、灯棒、反光板、录音/拾音设备等。

2．拍摄形式定位

本活动拍摄的短视频作品为探店类短视频，是以实物出镜形式展现。实物出镜是指出现在短视频中的人、物、场景都是真实的，这样展现的内容更具有真实感和代入感，更易引发用户的共鸣。

真人出镜的拍摄定位不仅是展示人物的外在形象，更需要出镜人物在表情、动作、语言等各个方面展现更高的水平。真人出镜的形式会让探店短视频的内容变得更加立体、生动、丰满。

> **小提示** ▶
>
> 在本次拍摄活动中，学生可以用一段当地方言问答开场，快速拉近与观众的距离，在传承创新中弘扬优秀传统文化。

3．拍摄及编号

根据分镜头脚本进行素材的拍摄，以反映店铺的环境、活动和特色等，并通过探店者出镜讲解店铺活动，使用户如同亲身体验，从而增强用户的到店欲望。拍摄完成后，对所有拍摄的素材进行编号整理，为探店短视频的剪辑做好准备，如图 6.2.1 所示。

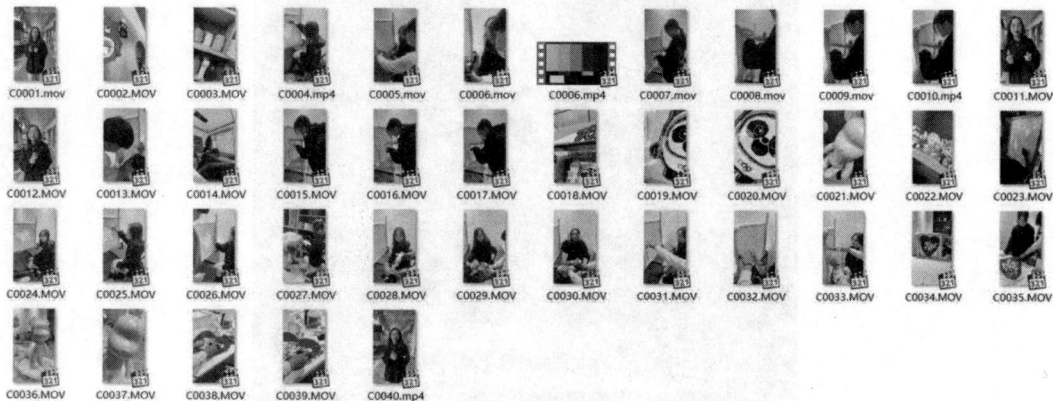

图 6.2.1　拍摄及编号

活动小结

在本活动中，小张团队通过沟通、交流，按照分镜头脚本进行了素材的拍摄，并对拍摄后的素材进行了编号，为后期的剪辑做好准备工作。

任务 6.3　探店短视频剪辑

本任务主要通过 Pr 软件来剪辑探店视频素材，剪辑时应从探店视频的特点出发，展示店铺的环境、活动和优势，以实现引流到店的目的。本任务要求剪辑流畅自然，通过探店者的镜头分析、语言台词，突出店铺的优雅环境、时尚潮流以及极具竞争力的文创艺术手工制作。探店的沉浸式体验让用户有身临其境的感觉，对店家的营销和推广起到了促进的作用。

活动 6.3.1　制作探店短视频

活动描述

本活动要求对素材进行剪辑、合成，生成生动丰富、立体流畅的探店短视频，并运用字幕效果和放大镜等视频特效为任务视频增加诙谐幽默的效果，最后为任务视频添加背景音乐，使探店短视频更流畅，更有节奏感。

活动实施

探店短视频的全部时间线最终效果如图 6.3.1 所示。

图 6.3.1　探店短视频时间线最终效果

（1）启动 Pr 软件，新建项目，然后新建"2160×3840，60fps"的序列，并命名为"探店短视频"，如图 6.3.2 所示。

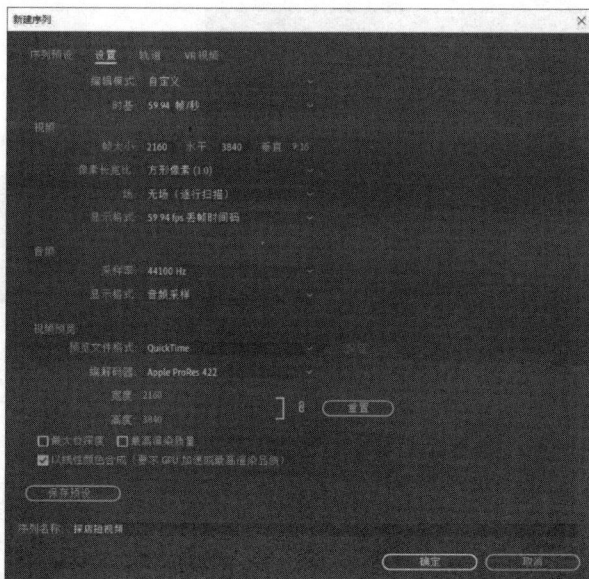

图 6.3.2　新建序列

（2）在"项目"面板中双击打开"素材\项目 6\任务 3"文件夹下的素材，把素材 01.mov～09.mov 拖入探店短视频序列中，如图 6.3.3 所示。

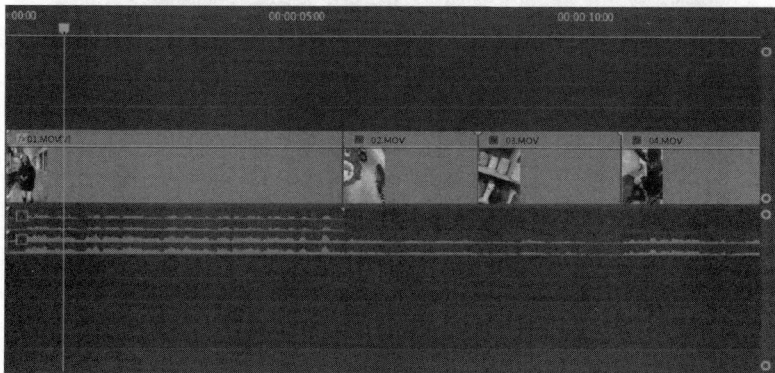

图 6.3.3　整理素材

（3）在序列中把素材修正到合适的长度，使用剃刀工具 把素材中多余的内容裁剪掉。在探店短视频序列中选中 02.mov～09.mov，然后右击，在弹出的快捷菜单中选择"取消链接"命令，删除 02.mov～09.mov 素材自带的音频，只保留素材 01.mov 的音频，如图 6.3.4 所示。

（4）在素材 01.mov 和 02.mov 之间插入视频过渡效果"缩放模糊"，设置效果持续时间为 30 帧，对齐方式为"起点切入"，如图 6.3.5 所示。

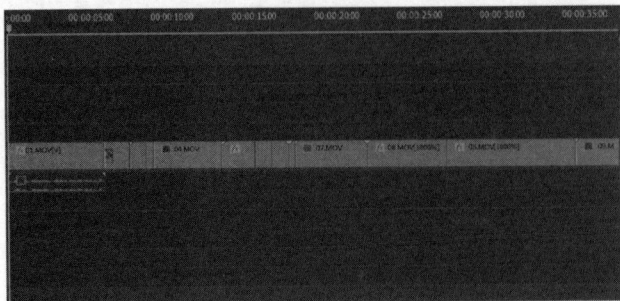

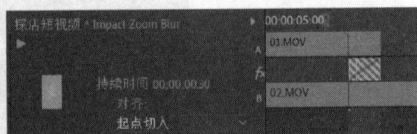

图 6.3.4　素材剪辑　　　　　　　　　　图 6.3.5　插入视频过渡效果

（5）在探店短视频序列中，使用剃刀工具（快捷键 C）截取 05.mov 素材的 13:30 至 14:32 部分并复制两次，并将复制后的视频移动到 15:02 和 16:05 时间线位置，分别设置"缩放"为 300 和 350，然后调整两段复制视频的位置，使画面内出现探店者重复动作两次，如图 6.3.6 所示。

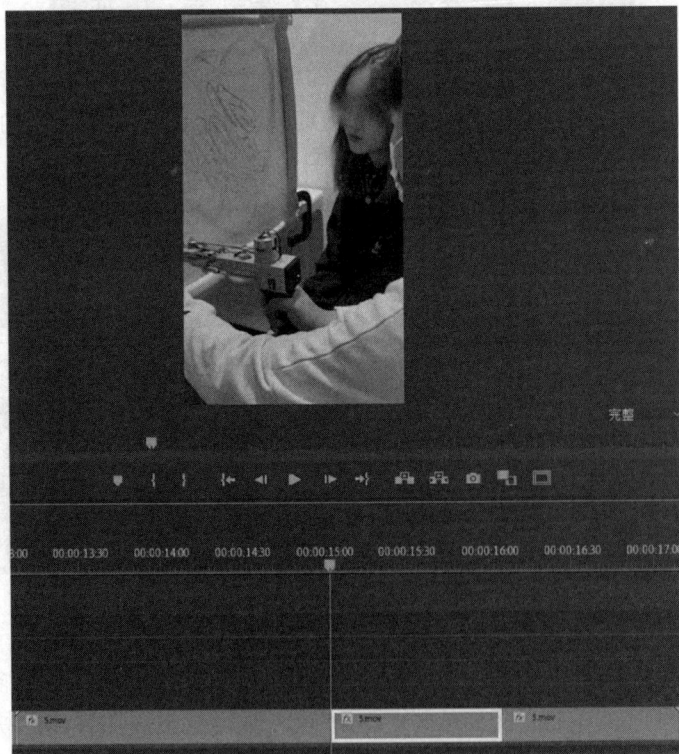

图 6.3.6　制作重复画面

（6）将时间指针器移到素材 07.mov 上，在探店者面向镜头说出台词时，为视频素材添加视频效果"放大"，设置"中央"为"787.0，443.6"，"放大率"为150，"羽化"为20，如图 6.3.7 所示。

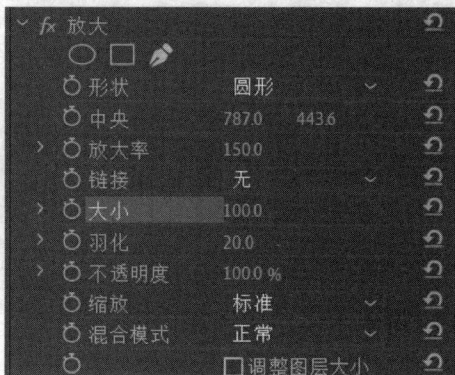

图 6.3.7　添加放大特效

（7）移动时间指针器至 19:20 处，为放大效果中的大小添加关键帧，设置"大小"为100.0，将时间指针器移动到 19:40 处，设置"大小"为350，移动时间指针器到 21:25处，设置"大小"为350，前进一帧后设置"大小"为100，如图 6.3.8 所示。

图 6.3.8　设置关键帧

（8）将时间指针器移动到 20:45 处，为素材 07.mov 中的人物头部动作进行"K 帧"，将"放大"特效的中央效果 添加关键帧，伴随人物头部的动作位置变化进行逐帧调整。在 20:45 处设置"中央"为"787.0，443.6"，在 20:55 处设置"中央"为"714.0，473.0"，在 21:05 处设置"中央"为"652.0，499.0"，在 21:12 处设置"中央"为"585.0，499.0"，在 21:20 处设置"中央"为"552.0，601.0"，在 21:25 处设置"中央"为"499.0，637.0"，如图 6.3.9 所示。

图 6.3.9　逐帧设置放大效果

知识加油站

　　逐帧设置关键帧效果可以更直观地显示在时间线素材的缩略图当中。具体步骤如下。

　　（1）选中时间线中所要查看关键帧的素材所在的相应轨道，拖动轨道的上下边框使其变宽。

　　（2）右击素材，在弹出的快捷菜单中选择"显示剪辑关键帧"命令。

　　（3）单击显示剪辑关键帧"放大"中央效果，则可以在素材缩略图中看到中央效果的所有关键帧，并可以用鼠标在缩略图中单击关键帧进行参数调节。

　　（9）将时间指针器移动到裁剪好的素材 08.mov 上，右击 08.mov 素材并选择"速度/持续时间"命令，在打开的"剪辑速度/持续时间"对话框中调整"速度"为 1000%，选中"波纹编辑，移动尾部剪辑"复选框，为素材 08.mov 进行 10 倍速加速设置，如图 6.3.10 所示。

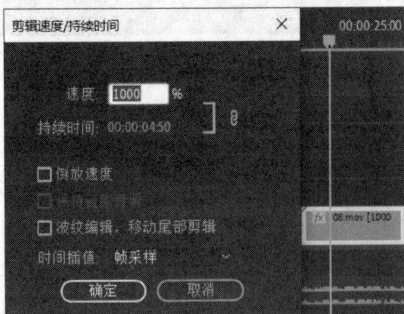

图 6.3.10　剪辑速度/持续时间设置

（10）在探店短视频序列中的素材 09.mov 后加入三张图片素材，通过缩放调整图片大小，添加背景音乐至 A2 轨道，并为图片素材添加缩放模糊视频效果，如图 6.3.11 所示。至此，探店短视频剪辑部分已全部完成，播放预览整体效果，进行细微调整，确认无误后保存输出。选择探店短视频序列时间线面板，按快捷键 Ctrl+M 输出为"探店短视频.mp4"视频文件。

图 6.3.11　添加背景音乐

活动小结

在本活动中，小张团队利用 Pr 软件的剪辑、视频过渡、视频效果应用、速度/持续时间等功能，制作了探店短视频，较好地展示了店铺的特点和优势，实现了引流到店的目的。最后还为短视频加入了背景音乐，使探店短视频更具质感，更加有效地吸引观众。

任务 6.4　探店短视频发布与推广

如今，各类新媒体平台均具有丰富的流量资源，探店短视频创作者需要对作品进行优化和包装，运用各种有针对性的方式进行推广引流，才能更有效地吸引观众。本任务要求小张团队选择适当的推广方式将制作的探店短视频在各新媒体平台上进行推广。

活动 6.4.1　探店短视频发布

📹 活动描述

在探店短视频创作中，拍摄和剪辑是核心内容，但是要使作品传播得更快、更广、更深入人心，探店短视频创作者就要在发布前对短视频进行优化和包装，主要包括标题、文案及封面，这些元素会在很大程度上会影响探店短视频的形象。

📹 活动实施

下面以西瓜视频手机客户端平台为例，上传与发布探店短视频。

（1）创建西瓜视频的账号，进入西瓜视频 APP 页面，单击下方的"发视频"按钮，如图 6.4.1 所示。

（2）选择探店短视频成片，如图 6.4.2 所示。

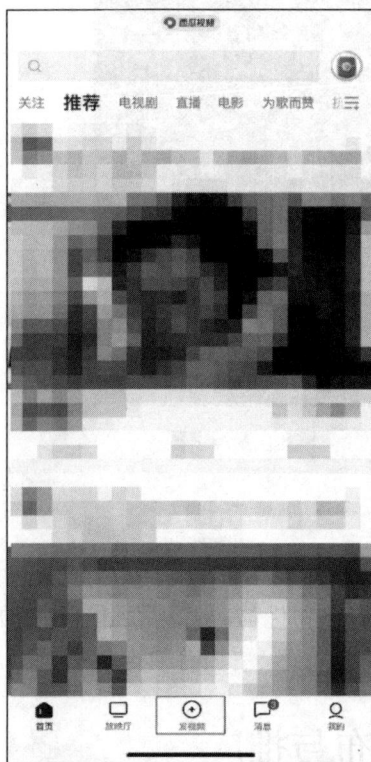

图 6.4.1　单击"发视频"按钮

图 6.4.2　选择短视频

（3）上传短视频后，单击"下一步"按钮，如图 6.4.3 所示。

（4）在弹出的页面中编辑推广软文，设置封面，然后单击"发布"按钮，如图 6.4.4 所示。

图 6.4.3 单击"下一步"按钮

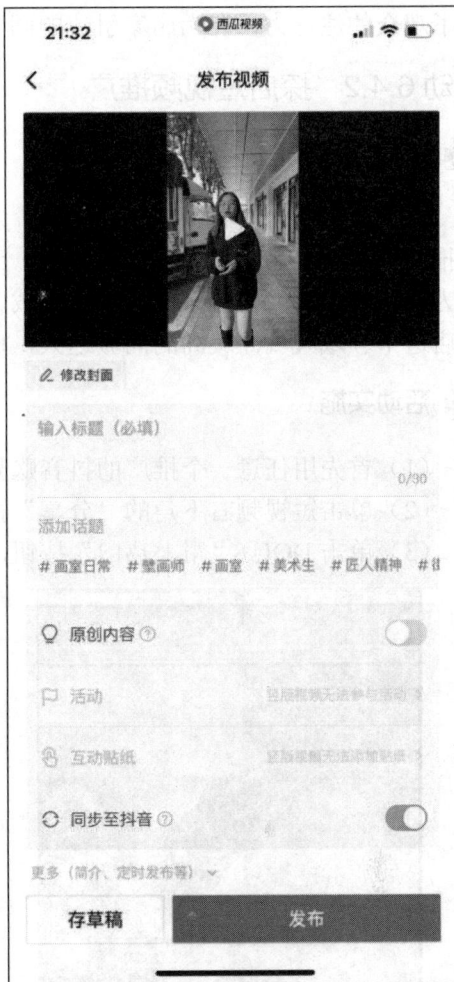

图 6.4.4 发布短视频

知识加油站 ▶

如何在西瓜视频平台上获得更好的推广效果？

➢　拟订标题：拟订标题时要注意标题的精准性、真实性、情感性和创意性。

➢　撰写文案：撰写文案的步骤分为搭建框架、切入主题和转换文字。

➢　设置封面：封面应符合三个特点，即有吸引力、有亮点和视觉效果好。

活动小结

本活动中，小张团队在探店短视频发布之前对其进行了优化，一经发布，便成功吸引了观众的注意力，在为店家引流的同时也收获了大量的关注。

活动 6.4.2　探店短视频推广

活动描述

在短视频平台发布探店短视频后，为了进一步对其推广宣传，本活动采用自定义定向推荐探店视频，引流客户到实体店。目标是离店铺距离近的客户群体，这类视频以地域为主，如以城市为中心辐射附近区域。因此，以附近区域为主投放，同时选择一些在探店这个领域人气比较高的同城达人，提高推广效益。

活动实施

（1）首先用任意一个推广的抖音账号打开视频。

（2）单击短视频右下角的"分享"按钮，如图 6.4.5 所示。

（3）单击 DOU+"帮上热门"按钮，如图 6.4.6 所示。

图 6.4.5　视频界面

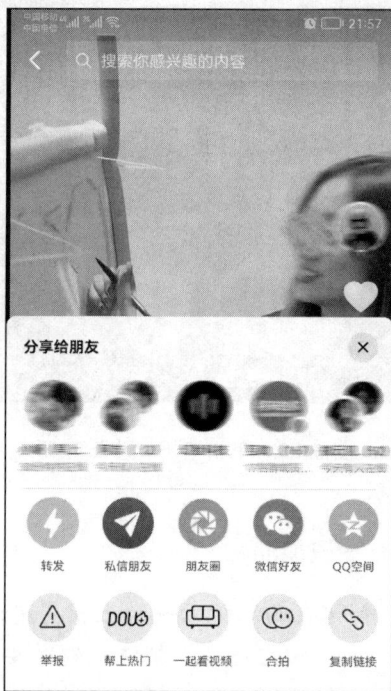

图 6.4.6　单击 DOU+"帮上热门"按钮

（4）在"把视频推荐给潜在兴趣用户"中，选中"自定义定向推荐"单选按钮，如图 6.4.7 所示。

图 6.4.7 定向推荐

（5）在地域处选择"按附近区域"按钮，单击进入之后选择店铺地址，然后可以根据广告预算，选择投放半径，投放半径越小，人群越精准，投入回报率越高，但也有可能观看的人数太少达不到预期推广的效果。如果投放半径越大，人群会越多，但费用也会增加，投入回报率可能会差一些。选择同城人气较高的同类达人，达人相似粉丝点击更多，如图 6.4.8 所示。

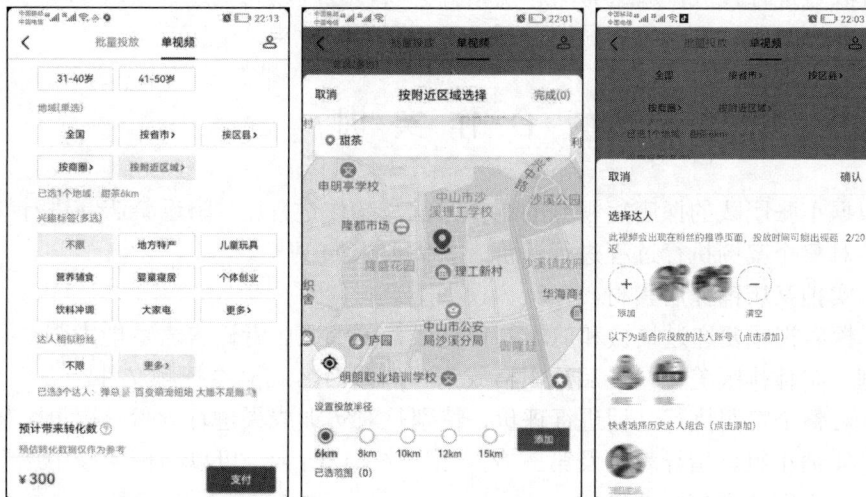

图 6.4.8 区域选择及达人选择

（6）选择投放金额后即可开始投放。DOU+最低投放金额为 100 元，首次投放时，选择"自定义"100 元，如果指标数据好再增加投放金额，如图 6.4.9 所示。

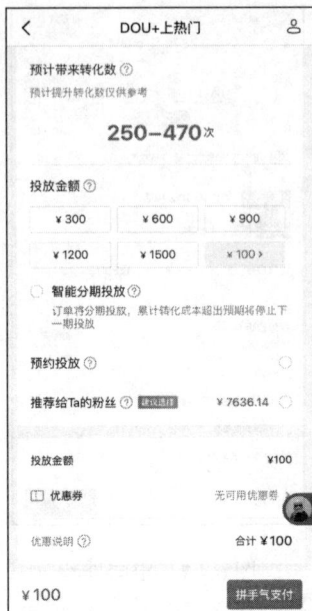

图 6.4.9　投放金额设置

活动小结

本活动以探店短视频为例，在短视频发布时附上门店定位，在自定义定向推荐里面选择附近区域进行投放，那这类探店视频就会以附近区域为主进行投放，辐射到离门店距离近的客户群体，带动了同城门店曝光且提高了转化率。

合 作 实 训

请根据小张团队的探店短视频的制作方法与制作过程，对附近某店铺进行探店视频制作，并对整个案例执行过程进行评价。具体要求如下。

（1）实拍某店铺探店素材。

（2）探店视频要通过拍摄和剪辑制作完成，要求探店者语言表达能力强，画面衔接流畅合理，字体排版美观，最后输出格式为"店铺命名.mp4"视频文件。

（3）对整个案例执行过程进行评价，特别是对实训成果进行评价。评价主体包括实训本人、实训小组、指导教师及第三方，如表 6.s.1 所示。可以邀请"校中厂"的企业专业人员作为第三方参与评价。

表 6.s.1 视频作品评价表

评价项目	画面效果设计	语言表达流畅	整体视频效果	职业素养
评价等级	A. 优秀 B. 合格 C. 不合格	A. 优秀 B. 合格 C. 不合格	A. 优秀 B. 合格 C. 不合格	A. 大有提升 B. 略有提升 C. 没有提升
自己评价				
小组评价				
教师评价				
第三方评价				
总评		修改建议		

说明：

1．表格内按评价等级进行评价；

2．请企业专业人员、客户等专业人士作为第三方参与评价；

3．评为不合格的由指导教师注明原因及修改建议。

项目总结

通过本项目的学习，小张团队体验了探店短视频的制作全过程，通过探店短视频的分镜头脚本撰写、探店短视频素材拍摄和探店短视频剪辑，最终制作出了探店短视频作品。通过对制作完成的短视频作品进行再包装和优化，最终呈现出了立体、美观、流畅的探店类短视频，并且在各类新媒体平台上进行了多方式、多途径的短视频推广，从而较好地吸引了用户的注意，达到了探店短视频推广的效果。

参 考 文 献

崔恒华，2021．实战多平台短视频运营[M]．北京：电子工业出版社．

雷剑，2022．剪映短视频后期制作及运营从新手到高手[M]．北京：清华大学出版社．

林秋楠，2021．视频号运营与变现[M]．北京：电子工业出版社．

泽少，2022．短视频自媒体运营从入门到精通[M]．北京：清华大学出版社．

赵军，2020．Vlog短视频拍摄与剪辑从入门到精通[M]．北京：电子工业出版社．